昆虫の保全生態学

渡辺 守──［著］

東京大学出版会

Conservation Ecology of Insects :
Special Reference to Butterflies and Dragonflies
Mamoru WATANABE
University of Tokyo Press, 2007
ISBN 978-4-13-062215-8

はじめに

「環境」や「保全」という言葉をタイトルとした教科書や参考書が数多く出版され，出版界のジャンルの中ではそれなりの地位を占めるようになってから久しい．大手の書店では，これらの書籍を集めた専用のコーナーまで設置されるようになってきた．そこでは，生物系はもとより，工学系から人文系まで，内容が多岐にわたり，この分野の学際性が際立っている．1992年のリオデジャネイロにおける地球サミット以来，地球温暖化や生物多様性の保全に関する数々の条約が締結されたことで，人間の営みや人類社会それ自体が地球の生命圏を脅かしているというグローバルな認識が，国際社会で新たに共有されるようになったことも一因であろう．さらに，国内外からさまざまな規模の地域環境に関連する諸問題が提起され，それらに対応する書籍も続々と出版されている．特に生物系において，「持続可能な」開発は地球環境保全と一体化したものであるという観点から，地域の自然の「保護」よりも「保全」という考え方が強調されるようになってきた．このような状況下において本書が刊行されるのは，何匹目かのドジョウを狙った出版戦略と誤解されるかもしれない．しかし本書は，従来の「＊＊保全生態学」とは異なる視点から「保全生態学」を論じている．

これまでに出版されてきた環境関連の書籍が他の分野の書籍と大きく異なるのは，対象読者の特殊性であった．自然の複雑さやその驚異の詳しい記載，あるいは自然科学の理論の解説を求めるよりは，自らが野外で調査してデータをとって解析しようとしたり，生態系や地球環境の将来を理解しようとしたりする読者が多いからである．確かに，京都議定書やカルタヘナ議定書の解説，それらの及ぼす社会的・経済的効果の予測も必要であろう．日本に住んでいては現実感が乏しいものの，熱帯雨林の伐採の危機的状態を訴えることは，何回繰り返してもいいすぎではない．我が国で里山景観の保全を強調することも重要である．しかし，都市生活者は自然の豊かさや快適さを理解しても自然の中へ

は回帰できず，理想化したあこがれをもつだけで，現実に生活したときの厳しさに思い至らない．一方，地方生活者は里山景観が身近すぎて，自然がどのように大事であるのかわからないようである．人々の生活とかけ離れた場所に住み，見たことも聞いたこともない生物が絶滅の危機に瀕していたとしても，想像力を駆使して我が身に引き寄せて考えることは難しい．そのため自然保護は，物好きな愛好家の活動と見られることも多かった．しかも今までの自然保護活動からは，納得できるかたちで調査され，直感的に理解できるような生き物の保護・保全の事例や，実際の生き物の調査・解釈の方法や考え方が伝わってきたとはいいがたい．

「環境学」や「保全生態学」という学問分野が唱えられ，「学」と名付けられている以上，方法論（メソドロジィ）や考え方に1本の筋道がなくてはならない．すなわち，その学問が構成され，発展していくための基礎的な考え方が根底にあると宣言しているのである．したがって，方法論なくして，どんなに多くの記載事例を寄せ集め，調査方法を解説しても「＊＊学」と呼ぶことはできない．いいかえれば，方法論は，その分野全体を俯瞰しながら，純粋な科学的思考の過程を論じるものといえる．とはいえ，方法論についてしっかりと書き始めれば，この本1冊の分量でも足りないほどであろうし，専門家ではない多くの読者にとっては退屈であるにちがいない．ところが，これまで環境保全の分野では方法論と技術（テクニック）は常に混同されてきた．

本書では，チョウやトンボという2つの身近な昆虫の生活史を通して，それらの調査技術を紹介しながら，背景となる方法論にわかりやすく触れて，生態学から見た保全の考え方の基礎を解説した．環境とは個々の具体的な生物にとってそれぞれ異なるので，それらを調べるためには，その生物の生活史や生活圏をしっかりと観察したうえで，その種独自の工夫を教科書的な基礎手法に加えねばならない．身近な生物であればあるほど，その種の生活史と自然景観（生物群集）と人間活動は密接に関係し合っている．地球の温暖化や資源利用要求はこれからも進み，人間活動による生物や自然景観への圧迫は留まるところを知らない．これまで，人間活動の拡大と自然景観の存続は対立するものと考えられ，ときとして双方の代理人が激しい闘争を行なってきた．このような過程の中から，相容れないものを両立させるための戦略として「保全」が生じてきたともいえる．とするならば，双方が同じ土俵に上がれるだけの科学的な基

礎データを得るとともに，方法論を共通理解とすべき保全戦略を早急に立てることが必要であろう．

　本文はややエッセー的にして，生態学の基礎や調査手法を，チョウやトンボの例を引きながら記述しようと試みた．図表を参照しなくても，彼らが人間と密接に関わり合いながら生活している様子を最低限の数式を用いて示したが，高校レベルの数学の知識で充分に理解できるはずである．むしろ，野外調査のデータ解析には，この程度の数学は必須であると考えてもらいたい．最終章には，具体的な調査手法と保全事例を示したので，本書を通じて生態学的思考方法や解析方法を理解し，「保全」のための調査・研究の基礎に役立ててもらえれば，望外の喜びである．

目次

はじめに ………………………………………………………………… i

1 | チョウの世界・トンボの世界——身近な昆虫と名も知らぬムシ …… 1
1.1 生活環 ……………………………………………………………… 1
1.2 都市部の種 ………………………………………………………… 4
1.3 里の種 ……………………………………………………………… 6
1.4 山の種 ……………………………………………………………… 9
1.5 特殊な生息場所 …………………………………………………… 11

2 | 生息環境——「自己中」に徹する生き物たち ……………………… 13
2.1 環境世界 …………………………………………………………… 14
2.2 生態系 ……………………………………………………………… 17
　　(1)「生態系」の思想 17　(2)複合生態系 19
2.3 生息環境としての植物群落 ……………………………………… 21
　　(1)一次遷移と二次遷移 21　(2)極相 25
2.4 攪乱と破壊 ………………………………………………………… 27
　　(1)伝統的農業 27　(2)開発事業 30

3 | 個体群動態——産めよ増えよ地に満ちた？ ……………………… 33
3.1 個体数の変動 ……………………………………………………… 34
　　(1)普通の生き物の個体数変動 34　(2)出生と死亡——指数関数的増加 37
　　(3)ロジスティック的増加と密度依存性 39　(4)生命表と生存曲線 46
　　(5)基本要因分析 52　(6)捕食-被捕食系 55
3.2 個体数の推定 ……………………………………………………… 57
　　(1)逐次抽出法 57　(2)標識再捕獲法の理論 59
　　(3)捕獲技術と放逐技術 67　(4)標識技術 71
3.3 生息地の分布 ……………………………………………………… 72
　　(1)生息環境の層別 72　(2)分布構造解析の理論 74
　　(3)地理分布 76

3.4　メタ個体群 ……………………………………………… 78
　　　(1)移動・交流 78　　(2)地域個体群 81
　Box-1 Jolly-Seber 法と Manly-Parr 法 61

4｜生活史戦略——一人で生きているわけではないけれど……　………… 84
　4.1　生物的環境——動物 ……………………………………… 85
　　　(1)捕食 85　　(2)共生と寄生 88　　(3)種間競争 90
　4.2　生物的環境——植物 ……………………………………… 91
　　　(1)産卵植物と寄主植物 91　　(2)吸蜜植物 92　　(3)休息場所と寝場所 96
　4.3　無機的環境 ………………………………………………… 97
　　　(1)体温調節 97　　(2)行動適応 100
　4.4　生態学的地位 …………………………………………… 102
　4.5　繁殖戦略 ………………………………………………… 106
　　　(1)雄の雌獲得戦略 106　　(2)雌の交尾戦略と多回交尾制 109
　　　(3)産卵様式 111　　(4)産下卵数 112　　(5) r-, K-戦略 115
　4.6　移動と渡り ……………………………………………… 116
　　　(1)日々の移動 116　　(2)齢特異的移動 119　　(3)渡り 120
　Box-2 戦略と戦術 105
　Box-3 r-戦略者と K-戦略者 117

5｜保全の理念と戦略——守ってあげたい心はどこに　……………… 123
　5.1　生物多様性 ……………………………………………… 125
　5.2　絶滅過程 ………………………………………………… 131
　5.3　外来種 …………………………………………………… 135
　　　(1)害虫 135　　(2)帰化生物 137　　(3)侵入種 139
　5.4　保護と保全・管理 ……………………………………… 141
　5.5　環境影響評価の手順 …………………………………… 143
　5.6　科学者と管理者 ………………………………………… 146
　5.7　環境教育 ………………………………………………… 150
　　　(1)学校教育 150　　(2)地元住民・社会教育 152　　(3)開発関係者 153
　Box-4 種数の推定 132

6｜絶滅危惧種ヒヌマイトトンボの保全——言うは易く行なうは難し ……… 156
　6.1　ヒヌマイトトンボとは …………………………………… 158
　6.2　発見と対応 ……………………………………………… 160
　　　(1)既存研究 160　　(2)調査方針 162

6.3 調査結果——生活史と生息環境 …………………………………… 163
6.4 創出地の設計と建設 …………………………………………… 165
6.5 創出後の調査 …………………………………………………… 166
6.6 創出地への分布拡大 …………………………………………… 169
6.7 ミチゲーションの評価と提言 ………………………………… 172

おわりに ……………………………………………………………………… 175
さらに学びたい人へ ………………………………………………………… 179
参考文献 ……………………………………………………………………… 182
索引 …………………………………………………………………………… 188

1 チョウの世界・トンボの世界
——身近な昆虫と名も知らぬムシ

　日本ほど，人々にチョウやトンボが身近な生き物として親しまれている国はない．学齢期に達する前から，子供たちは，公園や畑や田んぼで，首から虫籠をぶら下げて走り回り，小さな捕虫網を振り回していた．チョウやトンボ，セミ，バッタは，かつての日本の子供たちにとって，夏休みの良き隣人だったのである．しかし，彼らが身の回りからいつの間にか姿を消していくのにときを合わせて，生き物を理解するための体験が小学校の理科教育で重視されるようになってきた．たとえば，現在，日本全国でほぼ同時期にモンシロチョウを卵から成虫まで飼育・観察することが小学生に半ば義務化されている．これが現実を全く無視した教材であることに気がつかないような教師を養成している大学の教員養成学部の責任は大きい．しかし教師でなくとも，春早い九州と春の遅い北海道では，モンシロチョウの発生周期は異なり，キャベツ栽培の季節も異なることは，虫取り少年を経てきた大人なら常識のはずである．さらに近年では，プールに生息しているヤゴを採集して羽化を観察しようという試みが全国的に拡がってきた．トンボの羽化は，普通，日の出前の黎明期なので，採集した終齢に近いヤゴを教室に持ち込んで，学校の授業時間内に羽化する場面を観察することは難しい．また，「プールのヤゴの救出」と称して，集めたヤゴを近くの河川や池に放しても，すでにその場に成立していた生物群集を攪乱するだけで，「救出」の効果は全く期待できないだろう．情緒的に「やさしさ」を振り回し自己満足するのではなく，真に「自然環境にやさしい人間」となるには，自然界の複雑なメカニズムを知ることが必要なのである．

1.1 生活環

　一般に昆虫類の生活史は幼虫期と成虫期で大きく異なっている．前者は比較的狭い空間を生活範囲としながら摂食に専念して，体に栄養をため込む時期で

ある.一方,後者は活発に広範囲を飛び回り,雌雄が出会い,交尾・産卵する時期といえ,遺伝子の交流と自らの子孫の繁栄を目的とする時期である.この両者の目的の違いを極端に表わしているのがチョウである.チョウの多くは一生を通じて植食性動物で,卵・幼虫期は食草(=寄主植物)上からほとんど移動しないばかりか,隠蔽的な体型や体色をもち,個体群密度も低いため,馴れないと探し出すのが難しい種も多い.成虫は主として花の蜜をエネルギー源としているので,植物体には損害を与えず,かえって花粉媒介者の役割をもつと考えられている.ただしマルハナバチの仲間のように,効率的な花粉媒介を行なっているかどうかの詳細な研究事例はまだ報告されていない.

チョウの場合,生活の基盤は幼虫期の寄主植物と成虫期の吸蜜植物であるため,その場に生育している植物の種類が適切であることが,生息のための基本条件である.さらに,どのような場所を好んで飛翔するかというような成虫の飛翔習性は,吸蜜植物ばかりでなく,産卵対象となる寄主植物を発見するための大事な行動といえる.普通これらの植物は,その場に成立している植物群落

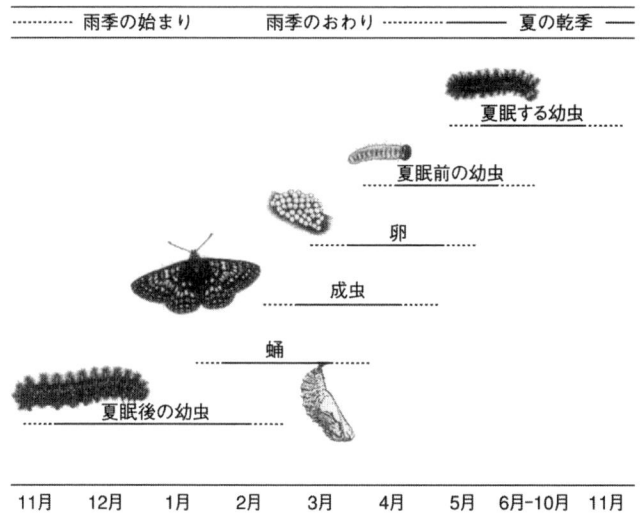

図1-1 カリフォルニアにおけるヒョウモンモドキの一種 *Euphydryas editha* の生活環.春に産下された卵から孵化した幼虫は,初夏まで摂食を続けるが,乾燥した夏季に適応して,夏眠に入る.晩秋から初冬の降雨によって目覚めた幼虫は,再び摂食を始め,冬の終わりまでには蛹となって,3月には成虫が羽化してくる.Ehrlich & Hanski (2004)より改変.

や，いくつかの植物群落を併せた植生景観の構成員として存在し，チョウの生活史はそれに適応し進化してきたのである．

ほとんどすべてのトンボは，一生を通じて肉食性動物である．原則として幼虫期を水域で過ごし，ミジンコや小エビ，イトミミズ，オタマジャクシ，小魚など，各種の水生生物が餌のメニューに挙げられてきた．トンボの成虫は，チョウと同様に空中生活者であるが，羽化直後の個体は性的に未成熟であり，交尾・産卵などの繁殖行動のできないことがチョウとの大きな違いである．さらに，多くの種では，羽化後間もなく，処女飛翔(maiden flight)といって，水域から離れた樹林などへ移動する飛翔行動をもつ種が多い．彼らは小昆虫などを捕食しながらその場に留まっている．水域へ戻り，繁殖活動を行なうのは，性

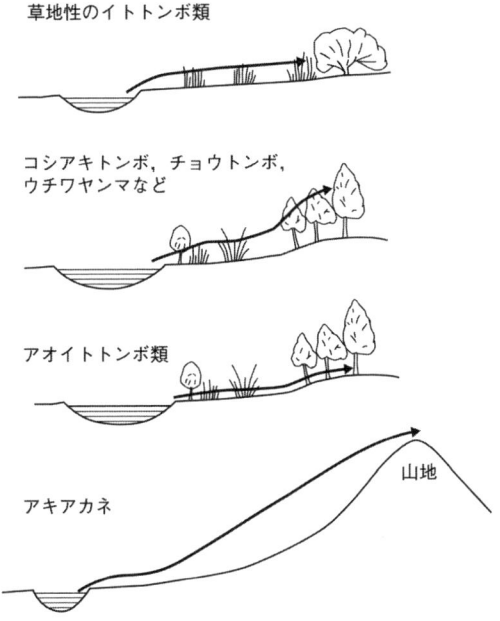

図1-2 羽化したトンボの処女飛翔先．草地性のイトトンボ類は羽化場所近くの草地や藪へ移動し，性的に未成熟な期間を摂食に専念して過ごす．これらの種の未成熟の期間は1週間にも満たないのが普通である．コシアキトンボやウチワヤンマなどは，羽化場所から離れた樹林の林間部で未成熟期を過ごし，アオイトトンボ類は樹林の林床部を利用している．最も長距離の処女飛翔を行なう種はアキアカネといわれ，未成熟の期間も1カ月を優に超している．江崎・田中(1998)より改変．

的に成熟してからである．したがってトンボの場合，幼虫期の生活の基盤は水域であるが，成虫期には繁殖場所としての水域以外に，摂食場所や休息場所，寝場所などが必要であり，陸上の植物群落や植生景観は，成虫の生活にとって重要な条件となっている．

1.2 都市部の種

　衛生害虫や不快昆虫を別とすると，チョウやトンボに加えてセミとコオロギは，都市住民が，少し気をつければ，見たり，鳴き声を聞いたりすることができ，心の中に季節感を生じさせてくれる昆虫類である．都市部の公園や住宅地には，今なお，たくさんの昆虫が生息しているという調査報告は多い．とはいえ，大都市では生息種数が年々減少しているのが実情で，発見種数の変遷や特定の種の生息の有無は，都市化の指標として利用されている．

　都市部の植生景観は，チョウやトンボの生活史の適応や進化と全く無関係に成立している．庭園や街路樹，住宅地の庭に植えられた植物は，必ずしも在来種に限られないばかりか，植物群落としての空間構造も無視されているからである．そのため，チョウの寄主植物という観点だけによれば，在来種ばかりか，外来種のチョウの生息も可能になるという皮肉な状況になってきた．

　都市部を流れる河川のほとんどは，コンクリートブロックによる「三面張り」で護岸され，「洪水の起こらない川」となってきた．氾濫原は消滅し，岸には植物が茂らず，トンボの幼虫の生息にとっては不適当な環境といえる．水質も悪い．近年になって，洪水を防ぎながら水生生物の生息できるような「多自然型川作り」が試みられるようになったとはいえ，トンボにとっての生活環境を満足させるまでには至っていない．どの種をどれだけ生息させるかという目的があやふやであり，またそれぞれの種の生息場所の定量化がなされていないからである．

　都市公園には，しばしばコンクリートによる「すっきりと」整備された池や噴水が設置されている．これらはトンボの幼虫にとって好適な水深の浅い水域であるものの，幼虫の隠れ場や餌場となる抽水植物や沈水植物は排除されている．むしろ，手入れが行き届かず，底に泥の溜まっている池の方が，ユスリカやイトミミズなどが発生しやすく，幼虫時代の好適な生息場所となっている可

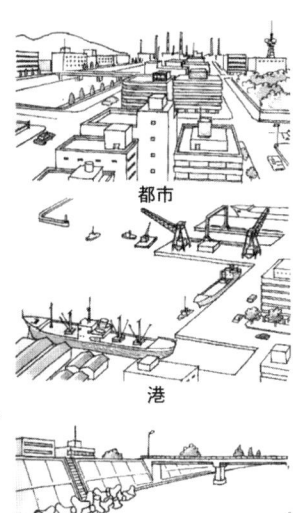

図1-3 都市部の景観．自然の植物群落が強く人為の影響を受け，全く異なる植生景観を示している．平野部は都市に変わり，海岸部は埋め立てや干拓で港や工場地帯となり，河川の堤防はコンクリートになってしまった．外来種を除くと，ここに出現する植物の多くは，本来ならば，崩壊地や林縁部などで生活していた種である．都市部の昆虫類はこれらの代償植生に依存するか，公園や住宅地に植栽された植物を利用して生活している．矢野ほか(1983)より改変．

能性がある．

　都市部を縦横に走る道路と無秩序に高さを競うコンクリートの構造物は，チョウやトンボの成虫の通常の移動飛翔を行なう際の障害物となっているばかりか，彼らの活動空間に対して，彼らの進化の過程でこれまでに経験したことのないような光環境や熱環境，気流の変化を生じさせている．たとえば，チョウの寄主植物の草本が住宅地の比較的日当たりの良い庭に植えられていたとしても，その周囲の植生景観は開放的な環境といえないことが多い．近年，都市部では，開放的な環境を好むモンシロチョウが減り，代わってスジグロシロチョウが優占するようになってきたのは，このためだと考えられている．また，寄主植物が都市公園の木本の場合，管理の行き届いた公園であればあるほど，幼虫にとって好適なひこばえや腋芽はかき取られてしまうので，成虫が樹冠の周囲を好んで飛翔する種といえども，産卵場所は思ったよりも多くない．ただし，関東地方以南において，クスノキの街路樹とある程度の大きさの都市公園が結びついていると，アオスジアゲハにとって好適な生息地となっているようである．

　都市公園の池がトンボの幼虫の生活にとって不適当とはいえ，都市の上空を

図1-4 街路樹として植えられたクスノキの幹から伸びた新梢．クスノキの新葉の多くは(特に下方の幹から直接出てきた枝の葉)は赤く，アオスジアゲハの産卵が集中する場所である．

 トンボの成虫が飛翔するのを見ることは稀ではない．チョウと同様の飛翔空間を利用したり，同様の飛翔習性をもつ種もあるものの，多くのトンボは，チョウよりも高々度を滑空飛翔することができるからである．その結果，このような飛翔習性を発達させているウスバキトンボが，都市公園の池を繁殖場所に利用していたという報告例は多い．西日本では，長距離移動することで知られているタイリクアカネの羽化も，都市公園で見られるという．比較的樹木の多い公園には，コシアキトンボもやってくる．もちろん，アキアカネのような長距離移動する種も季節によっては見られるかもしれない．このように考えると，都市部で見られる種とは，チョウではその場に定着している種が多いものの，トンボでは一過性の種である可能性が高く，都市部のその場で個体群が常に維持されているとはいいがたいのである．

1.3 里の種

 伝統的な我が国の田園地帯は一括して里と称されるようになってきた．交通の便の良い海岸に近い平野部は，都市や住宅地，工業地帯に置き換えられてしまい，田園地帯が山地と平野の境目まで後退している地方も多い．そこでは，低地に田が，河岸段丘沿いに集落と畑が，その裏手には雑木林やスギ林が連な

図1-5 里の秋．我が国に水田耕作が伝わった弥生時代以降，秋の水田ではたくさんのアカトンボの飛翔が見られたにちがいない．それにちなんで，いにしえの人々は秋津洲とか蜻蛉洲と我が国を呼んだ．イラスト：味村泰代．

るという景観が典型となる．水田は丘陵を穿つ沢沿いに伸び，1枚の水田は沢の上流へ行くにつれてどんどんと狭く小さくなっていく．これらの水田を谷戸水田あるいは谷津田と呼ぶ．丘陵からしみ出す水量が少ない場所では，最上流部に溜池が作られる．このような溜池は開放的な平野部からの水田と，閉鎖的な山林の接点に当たるといえよう．本州の里山の雑木林にはコナラやクヌギなどの落葉樹が多いので，林床は，葉の茂る夏が暗く，冬に明るくなる．一方，里山にはスギ林のような人工林も多いが，管理が行き届かない近年では，倒木などによりギャップが生じ，落葉樹をはじめとするさまざまな植物が林内に侵入し生育するようになってきた．したがって里山とは，多様な植物群落がモザイク状に入り組んだ植生景観をもち，そこに生息するようになったチョウやトンボは，これらをうまく利用した生活史をもっているのである．

　里の植生景観は，チョウの幼虫の寄主植物や成虫の吸蜜植物という生活に直接関わる植物が生育するばかりでなく，間接的に，チョウの成虫の必要とするさまざまな三次元的な空間を形成している．すなわち，成虫が休息したり，寝たり，捕食者から逃れたりできるような物理的空間である．この結果，里の植生景観では，成虫時代に開放的な環境を好む種も閉鎖的な環境を好む種も，同

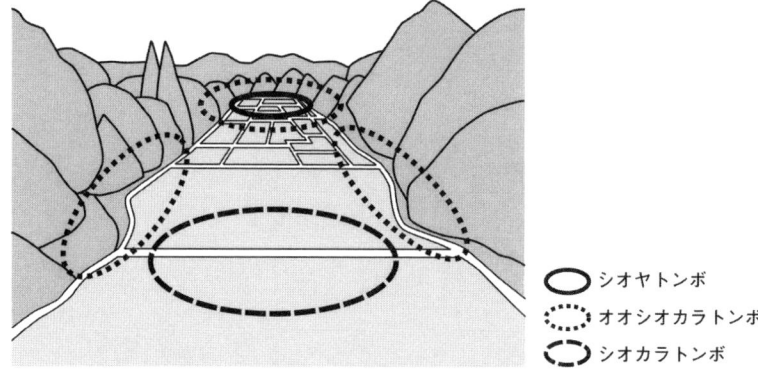

図1-6 谷戸水田を利用する3種のシオカラトンボ属．両側を丘陵にはさまれて，沢の上流部へと細く長く連なっている谷戸水田の最奥には溜池が作られることが多い．谷戸水田の出口となる広く開放的な場所にはシオカラトンボが，奥のやや閉鎖的な場所にシオヤトンボが生息している．シオヤトンボの成虫の飛翔期間(4-6月)が終わった頃から，ここはオオシオカラトンボの生活場所に交代する．なお，オオシオカラトンボは林縁部にも多い．したがって，シオカラトンボは里だけでなく住宅地などの緑地へもやってこられるが，シオヤトンボとオオシオカラトンボは里から離れて生活することは難しいことがわかる．

所的に共存することが可能となっている．また里山は自然林と都市部の緩衝地帯の役割をもつため，奥山の自然林に生息する種が進出してきたり，都市部に生息する種の供給源となったりすることもある．これらのことも，里に生息するチョウ群集の多様性が比較的高い理由の一つといえよう．

　殺虫剤や殺菌剤などの農薬の使用によって，必ずしも好適な生息場所とはいえないとしても，里におけるトンボの幼虫の生息場所となる水域は，主として水田と溜池，用水路である．水田と溜池には止水域に生息する種が，用水路には流水域を好む種が生息している．一方，里の植物群落のモザイク的な特性により，性的に未熟な成虫時代の生活場所はふんだんに用意されている．たとえば，7月下旬の雑木林の内部は，体色がまだ赤くなっていないアカネ属(マユタテアカネやマイコアカネ，ノシメトンボなど)の未熟な成虫の生活場所となっている．また，溜池は開放的な水田と閉鎖的な雑木林の接点に当たるため，それぞれの環境に適した種が飛来し，それぞれの場所で繁殖活動を行なう水域である．たとえば，開放的な水田を主たる生活の場としているシオカラトンボが溜池の開放的な出口付近を飛翔し，溜池の周囲や谷戸水田と雑木林の境界にはシオヤトンボが静止している．溜池の奥や薄暗い雑木林との境界には，オオシオカラトンボの雄が縄張りを作っている．このように見ると，そこでは，季

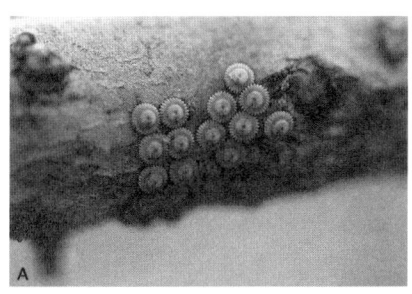 

図1-7 ウラゴマダラシジミの卵(A)と孵化幼虫(B).関東地方の里山の雑木林の下部には半落葉性の灌木イボタが生育し,ウラゴマダラシジミはイボタの葉の展開の季節変化と同調した生活史をもっている.すなわち,早春,クコなどとともに真っ先に芽吹くイボタよりも一瞬早く孵化した幼虫は,膨らんだイボタの新芽の中に潜り込む.葉が展開し始めると,葉の上に出てきて,典型的なシジミチョウ科の幼虫のかたちとなり,終齢幼虫になると周囲にアリを侍らせるようになる.成虫は梅雨に入る6月初旬に羽化し,産下された卵は,夏から秋,冬をイボタの枝上で過ごす.香水敏勝氏提供.

節によっては,種内の相互作用ばかりでなく,種間の相互作用による行動も観察できる.チョウ群集と同様,里に生息するトンボ群集の多様性も高いといえよう.

1.4 山の種

我が国で,これまでに全く人手の入らなかった自然植生は,山岳地帯の頂きや急斜面に残っているにすぎないが,人為攪乱が比較的軽微で,その後長期間にわたって人間の手が入れられていなかった植生は,自然植生に近似し,普通は,安定した森林となっている.このような森林は,暖温帯では照葉樹林,冷温帯では夏緑樹林(あるいは落葉樹林)と呼ばれるが,単一の樹林が広範囲に拡がっていることはめったにない.我が国の地形の急峻さや複雑さは,川が地面を削り,谷や尾根を数限りなく作り出したためであり,斜面の向きや角度による光の当たり方,土壌の質,土壌水分,温度,風の強さや風向などで植物群落は微妙に異なっているからである.したがって,全くの自然といわれるような植生景観でもさまざまな植物群落がモザイク的に集合しており,その結果,さまざまな寄主植物が生育しているため,さまざまなチョウの生息を可能にしているのである.寄主植物は里と共通する属や種も比較的多いため,ここに生息するチョウは,里の種と重複していることが多い.

図1-8 大雪山系に生息するウスバキチョウ.
写真：桜井正俊.

　山岳地帯における標高の上昇に伴う植生景観の変遷は，緯度の上昇と同様で，森林限界を超えた高山帯にはお花畑ができたり，砂礫地になったりしてしまう．日本アルプスのお花畑ではクモマベニヒカゲが，北海道大雪山系ではウスバキチョウが生息している．後者の場合，幼虫時代の寄主植物コマクサが砂礫地のみに生育しているため，この種の成虫の飛翔行動圏も寄主植物が生育すると思われるような砂礫地に限られている．そして成虫はコマクサの花を訪れて吸蜜する．すなわち，ウスバキチョウでは，幼虫と成虫の生活空間がかなり一致しているのである．我が国のチョウの成虫は，複数の植物群落を股にかけて飛翔するのが普通なので，ウスバキチョウはかなり特異な生活史をもっている種といえよう．

　人の手があまり入らない山地帯の水域とは，流水なら源流域，止水なら高層湿原が代表的である．源流域の場合，幼虫の生活にとって好適な水質ではあるものの，底質は砂利で，水温は概して低いため，サナエトンボの仲間をはじめとして幼虫時代を2年以上かける種が少なくない．またムカシトンボも源流域で生活する種で，卵から成虫の羽化までに7年かかるという．高層湿原の場合も，底質は泥炭で酸性が強く，幼虫の生息にとって好適とはいいがたい．ここでも，ルリボシヤンマをはじめとして幼虫時代に2年以上をかける種が認めら

図1-9 羽化直後のムカシトンボ．写真：藤丸篤夫．

れる．したがって，これら2つの生息地に住む種は，幼虫時代をやや特殊な水質の中で過ごすため，里へ進出し，産卵して定着することはめったにない．幼虫時代に過ごす水域の質の違いが里の種と重複しない種を多く産み出しており，これがチョウとの大きな違いといえる．

1.5 特殊な生息場所

　昆虫類が最も嫌う場所は海である．高濃度の塩分は昆虫類の脱皮・変態時に悪影響を与えるためといわれ，大洋で生活する昆虫類は，これまでに，数種のウミアメンボしか知られていない．沿岸の海水面にも沿岸性ウミアメンボしか生息しないが，海岸には，ミズギワゴミムシの仲間が見られるようになる．沿岸域の海水は大洋の真ん中（普通35‰）よりもやや塩分が低下するが，河口域では，さらに低下して20‰以下となり，これを汽水と呼ぶ．また，海岸近くの池では，海水の飛沫が飛んできたり，潮の干満によって塩分が変動したり，地下水に海水が混じったりして，淡水で保たれていることはない．このような場所に成立する植物群落の多くは草本から成り立ち，それぞれの植物は塩分という厳しい環境に対抗する生理的な手段をもっている．

　海岸の草本植物群落は比較的構造が単純で，しばしば開放的な環境を好むチ

ョウの絶好の生息地となることがある．たとえば，コメツブウマゴヤシが優占する海浜植物群落ではシルビアシジミが発見される．しかし，砂浜への人の立ち入りや砂の移動，高潮などによって，個々の地域個体群が安定して持続されているかどうかは確認されていない．

　幼虫時代に水を必須とするトンボの場合，塩水は最悪の環境である．我が国で汽水域を幼虫時代の主たる生息地とする種は，これまでにヒヌマイトトンボとミヤジマトンボ，アメイロトンボの3種しか知られていない．このうち，ミヤジマトンボは広島県宮島と香港にしか分布せず，アメイロトンボは南西諸島が分布域なので，汽水域で生活し，本州一帯の比較的広範囲に分布する種はヒヌマイトトンボのみといえる．この種には潜在的な捕食者が多く知られ，それらの捕食者が生活できないような塩分環境で生活することで，生き残ってきたと考えられている．

2 生息環境
——「自己中」に徹する生き物たち

　生物学，とりわけ生態学ほどダーウィン(C. R. Darwin)を意識した学問はない．少しでも進化について新しい学説を提出しようとする欧米の学者たちは，「自分の説はダーウィンの説から逸脱していない」とか「ダーウィンの言葉はこのように解釈でき，自分の説はそれを詳しく説明したにすぎない」といいわけを述べている．社会生物学の旗手の一人であるドーキンス(R. Dawkins)ですら，「自分の学説はダーウィンを否定していない」と弁明した．彼らにとってダーウィンの『種の起源』とは唯一絶対の神様が作った「聖書」に等しいのである．一方，我が国では高校までの生物学で「ダーウィン＝適者生存」と覚え，ライオンがアンテロープを襲って食べる映像を思い浮かべて「生物の世界は常に厳しい生存競争にさらされているものだなぁ」と理解した気にさせてきた．いにしえには中国の学問を，近代から現代では欧米の学問を，それに伴う深い哲学的洞察を全く無視して上辺だけ取り入れてきたという我が国の伝統は，生物学の世界においても例外ではなかったようである．

　生態系の概念が欧米で流布した結果，これまで博物学的(＝子供の自然観察)と蔑視されていた生態学は，ようやく自然科学の一員として我が国でも市民権を得られるようになってきた．生態系の構造と機能の解析により，地球上のすべての生き物が「太陽エネルギーに依存」しており，それを生物に利用可能なエネルギーへ変換できるのは光合成を行なえる「植物だけ」であり，そこを物質循環の出発点とする食物網という種間関係から人間も逃れることはできないことが共通理解となったのである．「生物濃縮」や「宇宙船地球号」という言葉は1970年代はじめの自然保護運動(DDTの使用禁止や尾瀬の林道開発中止)を契機に盛んに用いられるようになってきた．やたら桁の大きな数字と工学的なフローチャートが生態系モデルの例として一般に流布され始めたのもこの頃である．

　1980年代になると，欧米では，地球上のすべての種は生存する意味をもち，

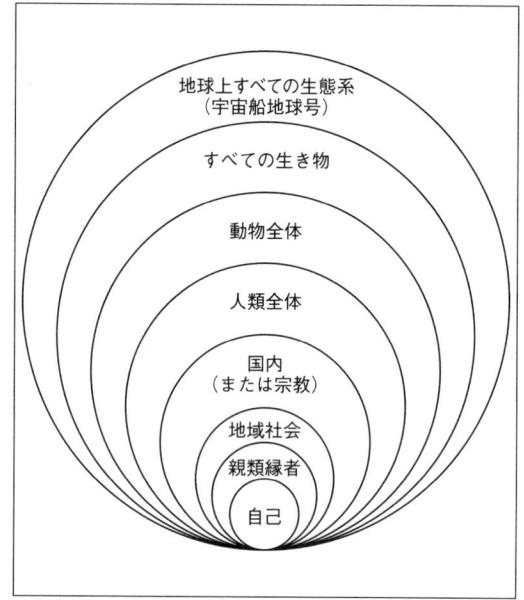

図2-1 環境倫理における各種の段階．環境に対する関心は，最も下の「自己」を中心として始まり，だんだんと心を開いて，より高次な広い視野をもつようになって，地球全体を見渡すようになっていくことを示している．Hunter(2002)より改変．

人間がこれらの種をもてあそぶ権利はないという「ディープエコロジー」などの概念が提唱され，「環境倫理学」という学問が産声を上げた．しかし，これを基礎とした社会運動の中で，グリーンピースなどの過激な行動がセンセーショナルに報道されたためか，我が国にその本質が伝わるまでには20年以上かかっている．

2.1 環境世界

　環境はその要素の種類によって無機的環境と生物的環境に分けると考えやすい．無機的環境は非生物的環境とも物理的環境ともいわれ，気候要因としての気温や水分，光，風ばかりでなく，酸素濃度や二酸化炭素濃度などの生物起源でない物理的要素すべてを指している．生物的環境はさらに種間関係(他種)と種内関係(同種他個体)に細別される．種間関係とは，捕食や被食，共生，寄生，

競争など，異なる種の個体との関係で，種内関係とは，親類縁者一族との関係を除くと「生活に必要なあらゆる資源をめぐる直接的競争相手となり得る同種他個体」と定義されてきた．このように，環境要素は教科書的に羅列することが可能である．しかし，それで「個々の生物にとっての環境」が理解できるわけではない．環境要素はそれぞれの生物によって異なるからである．そもそも我々の目には同じように見える場所でも，ある生物は生活できて，別の生物が生活できないことは，経験的に理解できるだろう．すなわち，その生物にとって意味のある環境と意味のない環境が存在し，「環境」を考えるにはそれらを区別して考えねばならないのである．

たとえば，陸上生物にとって酸素濃度は，ある種の例外はあるものの，ほとんど問題にしなくてかまわない．空中には酸素が豊富に存在し，地球上ではほとんど一定の濃度に保たれているからである．しかし，ある種の魚にとっての酸素濃度は重要な環境要素となっている．水面近くの溶存酸素量は，常に空中より酸素が溶け込んでいるので比較的多いが，水深が深まればその量は減っていく．植物プランクトンなどの酸素排出源が少なくて水中の溶存酸素量が減少すれば，金魚鉢の金魚が夜になるとあっぷあっぷするように，魚は「浮き」始める．すなわち「環境」はそれぞれの生き物に対して，それぞれ異なって作用しているのである．したがって常に「**誰にとってのどういう環境か？**」を問題としなければならない．「**主体**」を明確にする必要があるといえる．

ユクスキュルは『環境世界』という著書の中で，主体によって見える環境世界が異なることを強調し，一つの部屋の中を，ヒトが見た場合と，イヌが見た場合，ハエが見た場合の3種類に分けて示した．そこでは主体がどのように環境世界と関わるかが明確に示されている．たとえば，イヌの場合，椅子やテーブル，食器といったご主人様や自身の餌と深い関係をもつ部屋の調度品は見えても，奥の本棚や本は自らにとって関係がないので「背景」として霞んでいるにちがいない．ハエに見える（あるいはハエにとって関心がある）のは，自らの餌と関係する食器類と照明器具しかないであろう．

動物の視覚器官は，ヒトや鳥類のように高い解像度をもつ目から，軟体動物のように明暗を見分けるだけの目まで多様であるものの，その起源は一つと考えられている．このうち多くの昆虫類では，個眼が複数集まった複眼と，いくつかの単眼が視覚器官であり，彼らの生活様式と複眼を構成する個眼の数は概

16　第2章　生息環境

人間にとっての部屋

イヌにとっての部屋

ハエにとっての部屋

図2-2　それぞれの生物に対する環境世界の例．ドアを開けたときに見える部屋の中の様子が，それぞれの生物にとっての環境世界で色分けされている．人間にとっては，椅子や机，グラス，皿，本棚などと細かく分別されて理解されている．しかし同じ場面でも，イヌの場合は，ご主人様の使う椅子と，分け与えてくれるかもしれない食べ物の乗った皿，水（ワイン？）の入ったグラスが関心事であるにすぎない．一方，ハエにとっては，走光性の故にペンダントライトに関心をもたされてしまうものの，グラスと皿に注意が向くのみである．ユクスキュル（1973）より改変．

ね対応関係にある．すなわち，暗い場所や夜に活動する種では個眼の数は少なく，日中活動する種では多い．さらに，草食性昆虫よりも肉食性昆虫の方が個眼の数が多いだろうことは容易に予測できる．実際，ヤンマの仲間では2万個もの個眼から複眼が成り立っているという．これらの視覚器官により，トンボの見えている環境は，解像力は劣るものの，人間とさして違わないと考えられるようになってきた．なお，チョウの可視領域は，ヒトよりもやや紫外線部に偏っており，これを利用して，日本産のモンシロチョウは配偶行動を行なっていることが明らかにされている．

2.2 生態系

(1)「生態系」の思想

　ダーウィンの指摘した「生存競争」の概念は，その後エルトン(C. S. Elton)をはじめとする多くの研究者によって発展し，食う-食われるの関係だけではなく，地球上の生き物たちはすべて何らかの相互関係をもって生活しているということが共通認識されるようになってきた．すなわち，今では「食物連鎖」や「食物網」として知られる関係を基礎とした「生物群集」の概念である．もっとも，20世紀初頭におけるこれらの研究分野は動物生態学者が主流を占めたため，「食う-食われるの関係」といえば「草食性動物-肉食性動物」という関係を指し，「カワリウサギ-オオヤマネコ」などという種個体群の相互関係に毛の生えた解析にすぎなかった．しかし，アメリカにクレメンツ(F. E. Clements)という植物生態学者が登場してから，この分野の研究は発展を始めている．彼と彼の学派は食物連鎖の出発点に植物を位置づけ，植物から動物へ至る連鎖をまとめてバイオーム(biome)と名付け(1916年)，これを動植物一体のユニットである「生物共同体」と定義した．その例として森や草地，砂漠，ツンドラという当時の自然認識としてまとまりのある植物景観を挙げ，その中で生活する動植物に見られるさまざまな相互作用を示している．
　当時のイギリスにはタンスレイ(A. G. Tansley)がいた．彼はクレメンツの提出したバイオームという概念について「バイオームを考えると，その構成要素はどれもバラバラにばらすことができるが，これらはすべて全体としての法則にしたがって動いているはず」で，無機的環境もそれらの要素と同様の振る舞いをするのだから，それらを含めて考えるべきとし，生物群集と無機的環境を総合して**生態系**(ecosystem)という言葉を提案した(1935年)．「system」という一見すると「哲学的」な接尾語の付いたこの言葉は，バイオームの概念より賛同者が多かったらしい．そしてリンデマン(R. L. Lindeman)が「食う-食われる」という「栄養段階」の概念(trophic dynamic aspect)を用いて「湖の生態系の構造と機能」をすっきりと説明して見せた(1942年)．1957年には，アメリカのオダム(E. P. Odum)が"Fundamentals of Ecology"という著書で「生態系生態学」を高らかに宣言した．「生態系」といえば，高等学校の教科書に出てく

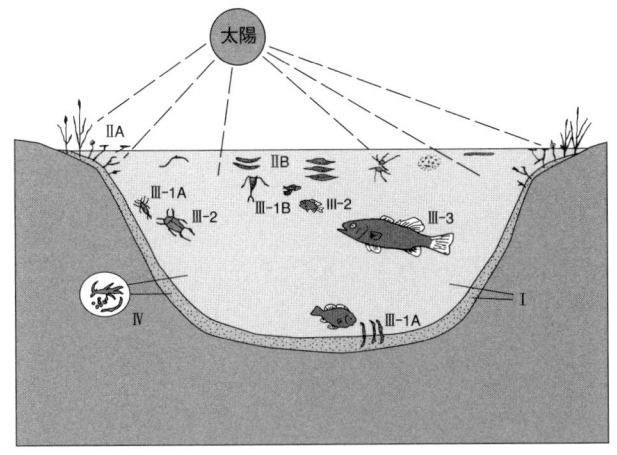

図2-3　湖の生態系の模式図．Iは無機的環境で，無機物と有機物を含む水と底質を示す．IIは生産者で，IIAが抽水植物や浮葉植物，沈水植物を，IIBが植物プランクトンを指している．IIIは動物で，III-1Aは一次消費者(植食動物)をIII-1Bは動物プランクトンを示す．III-2は二次消費者(肉食動物)，III-3は高次の消費者(肉食動物)である．IVは細菌や菌類などの分解者を示す．なお，この図では，上から太陽エネルギーが降り注いでいることも示している．したがって，生態系とは生産者と消費者，分解者という生物群集に，無機物と有機物，気候要因という6つの要素から成り立っていることがわかる．生物群集の間での食う-食われるという食物網の関係に沿って太陽エネルギーが一方通行に流れ，炭素や窒素などの物質は循環する．落ち着いた生態系ならば，いろいろな場面で負のフィードバック機構が働いて，生態系の恒常性は強くなる．とはいえ，極相に達するまでに生態系はゆっくりと遷移し，さらに長い時間の視点で見れば，構成生物の進化(したがって生態系の進化)が起こっている．目を物理的空間の拡がりに転じれば，さまざまな生態系の存在が，生物多様性を保証している．Odum(1971)より改変．

る「湖の生態系の図」というのはこの本が出典である(図2-3)．

　生態系の中をめぐる主な元素のうち，生物の体を構成する化合物の骨格をなす炭素の循環は大規模である．大気中の二酸化炭素は生産者に吸収され，有機物中の炭素として，生産者や消費者，分解者の体に留まるものの，最終的には，呼吸によって，すべてが再び二酸化炭素として放出されてしまう．したがって，炭素は一つの生態系の中に留まることはなく，地球全体で循環しているのである．この循環に付加される炭素は，主として火山の噴火や近年の化石燃料の燃焼であり，特に後者が近年の大気中の二酸化炭素を急激に増加させる要因となっている．

　クレメンツのバイオームはドイツにおいてはビオトープ(Biotope)，ロシア

においてはビオゲオチェノース(「生物環境複合」)などと翻訳された．前者は生物群集に重心をもち，後者は生態系の概念に影響を受けている．しかしビオトープという用語は，現在の我が国において，行政や市民運動で用いられることが多くなり，日本語としてのビオトープは，生物群集を主体としながらも，地理的に最も小さな単位の生態系という定義に変化してきた．その結果，学校や公園に止水域(トンボ池など)を造成するような活動は「ビオトープ運動」と名付けられ，そこでは，失われた身近な自然の復元の試みや環境教育の場など，さまざまな役割がもたされている．また環境修復やミチゲーションといった造園学の分野でも，ビオトープという言葉が1990年代より頻繁に用いられるようになったが，いずれの場合も，生態系やバイオームのいいかえにすぎないばかりか，主体が明確にされないことも多い．対象となる種や生物群集の生活空間の拡がりを考慮しないため，高木層のみを植栽して下層植生を無視した「雑木林の創成」が行なわれたり，水を張った池にウスバキトンボが飛来しただけで「トンボ池の成功」となってしまうのである．

(2) 複合生態系

　生態系はいろいろな要素が絡み合ったシステムである．この概念の興りを振り返ってみると，かつては湖沼や林，砂漠など，誰でも納得のいく物理的境界を利用して「＊＊生態系」と名付けられていた．しかし当時ですら，暖温帯から亜熱帯で調査する研究者にとって，生態系としての物理的境界は明確ではなく，植物群落の種構成は複雑だったことなどから，「何をもって」生態系と呼ぶかという議論が生じていたらしい．生態系を「主体-環境系」といいかえた一派もある．実は，動物生態学の世界では，ガチガチの生態系生態学論者を除けば，一つの生態系に一つの種個体群が1対1対応に留まらないことは常識であった．「複合生態系」と呼ぼうが「景観」と呼ぼうが，教科書的な生態系の概念では対応しきれない．主体が動物であれば，地域個体群がある程度継続的に維持できる広さの生息地とは，たいていは複数の植物群落を併せたものなのである．どちらかというとこれは景観という概念に近い．

　我が国の一部の研究者は「里山の保全」という大義名分を掲げ，そこで生活するトンボに注目し始めた．「里山に飛来したトンボの種構成」や「里山の水田で採集したトンボの幼虫群集」の研究などと，枚挙にいとまがないほどであ

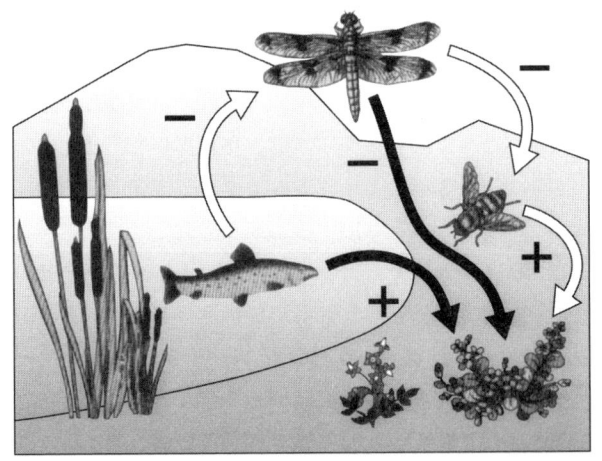

図2-4 陸上と水界の複合生態系におけるトンボの影響．トンボは肉食動物なので，アブをはじめとする花粉媒介者を襲って食べれば，結果的に植物の繁殖を制限して増加を抑制する場合がある．このとき，池の中にやや大型の魚を入れると，ヤゴが食べられてしまい，羽化するトンボの数が減り，花粉媒介者となるアブの数は減らないので，植物は拡がっていく．図中の白矢印は直接的効果を，黒色矢印は間接的効果を示す．Cordero（2006）より改変．

る．しかしこれらの研究は，出発点が「景観」と名付けた「主体のない生態系」であるため，それぞれのトンボの生活史を深く吟味することなく，単に種のリストをまとめたにすぎないものが多い．その結果，トンボの存在の有無しか考慮しないような里山の評価法が多数派を占めるようになってしまった．これでは，統計解析を行なって何らかの数字が計算されたとしても，環境要素と個々の生物の生活史との関連が無視されてしまうので，正しい評価とはいえないであろう．

　チョウやトンボの成虫の個体群動態の研究は，特定の植物群落や狭い水域を，調査者が勝手に一つの生息地と見なして，その中にいる個体数を推定することから始まった．確かに，調査の出発点ではある．しかし，飛翔していろいろな種類の植物群落を訪問している個体に対して，たった1カ所で標識再捕獲を行なって日あたり個体数や日あたり生存率を推定しても何もわからない．一般にトンボの場合，夜間の寝場所と日中の繁殖活動場所は異なっているからである．前者は，水域から離れた藪や樹林の中が多く，そこでは寝たり休息したりするだけではなく，摂食活動を行なう種も多い．後者はたいてい水域の産卵場所近

辺である．そこで，地域個体群間の移動交流を解析し，多様な生息環境をひとまとめにする景観の概念が導入されるようになってきた．たとえば，ロッキー山脈の高山帯においてパッチ状に分布するヒョウモンモドキの一種 *E. chalcedona* の個体群間の移動交流の研究は，フィンランド沖合の多島海に生息するヒョウモンモドキの一種 *Melitaea cinxia* のメタ個体群の研究へと発展している．

2.3 生息環境としての植物群落

(1) 一次遷移と二次遷移

ある場所において，植物群集(植物群落)が時とともに変化する過程を遷移という．土地が海から隆起したり，砂州が伸びたり，溶岩流が冷えた場所などといった土壌のない母岩のみの裸地が生じると，岩石上に地衣類やコケ植物が侵入する．また，ヤシャブシなど空中の窒素固定能力をもつ木本がいきなり溶岩上に出現することもある．これらの植物の作用や岩石の風化により，水分や栄養塩類を含む土壌が発達してくると，さらに多くの種類の草本や木本が侵入し，草地から森林へと植生景観は移り変わっていく．我が国の暖温帯においては，ヤシャブシやハコネウツギなどの灌木に続いて，貧栄養の土壌条件でも生長の可能なアカマツなどの木本が生長を始める．これらは陽樹と呼ばれ，幼木の光補償点が比較的高いため，自ら拡げた樹冠により光量の少なくなった林床では，

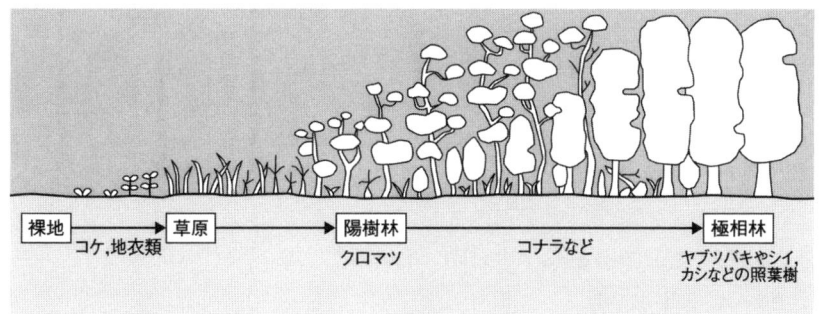

図 2-5 一次遷移の概念図．

次世代を発芽させることができない．その代わり，光補償点が比較的低いシイやカシなどの木本が生長を開始する．これらの木本は陰樹と呼ばれ，無機的環境が変動しない限り長年にわたり安定した森林を形成し，これを極相（クライマックス）という．このような植物群落の変遷を一次遷移と呼ぶ（図2-5）．すなわち，植物群落の一次遷移とは，母岩の風化と植物遺体の分解による有機物の堆積や微生物・土壌動物の作用などによる土壌形成と，群落内の環境条件の変化に伴う林冠を優占する樹種，すなわち陽樹から陰樹への入れ替わりによって進行するといえる．

土壌の全くない場所から始まる一次遷移に対して，崖崩れや崩壊地，山火事跡，伐採跡地，放棄された農耕地など，土壌は残っていても植物の被覆が一時的に破壊された場所に植物が芽生えて始まる植物群落の変遷を二次遷移という．この場合，土壌の中には，埋土種子や地下茎，根なども残っているので，これらが発芽すると，わずかな時間で木本の芽生えを含んだ草地となり，森林へと

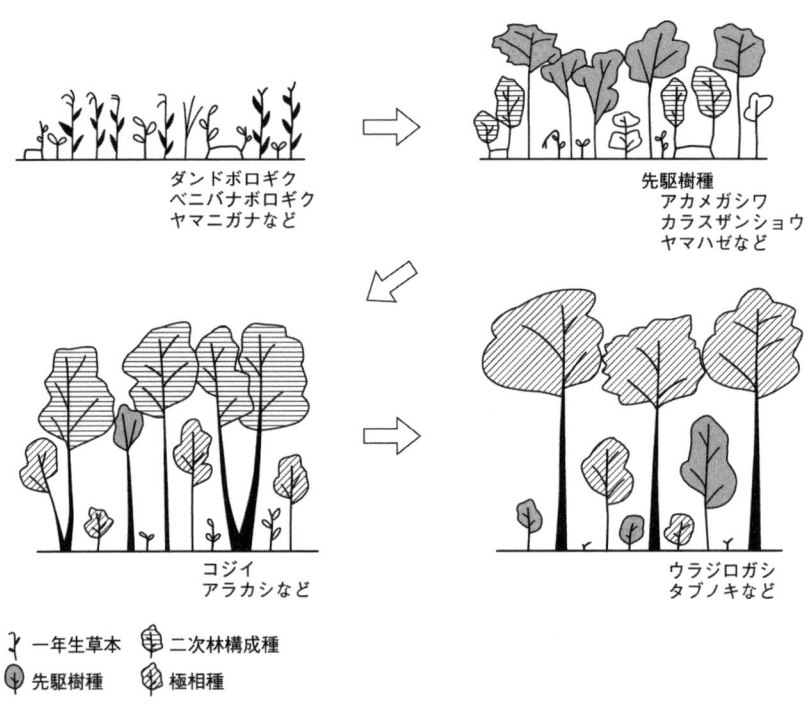

図2-6　二次遷移の概念図.

移行していく．したがって，一次遷移に比べると，樹林に至るまでの遷移の進行は速い（図2-6）．

なお，陸上で始まる遷移を乾性遷移と呼び，湖沼などから始まる遷移を湿性遷移と呼ぶ．すなわち，富栄養化して生物が増加した湖沼では，水草などが繁茂してその遺体が分解されずに堆積を続けると次第に浅くなって湿原となり，さらに堆積が進めば表面が乾燥して陸地化し，そこへ樹木が侵入して低木林となる．以後は乾性遷移と同様の経過を経て極相に達するのである．

我々の生活の身近に見られる植物群落は，特別な場合を除いて，二次遷移の途中の段階にあるものの，多くは，人間の干渉によって遷移の進行が止められている．定期的な草刈りは，木本の芽生えを抑え，地際に生長点をもつような草本しか生存を許さない．都市部の公園や住宅地の緑地は，このような圧力によって，草地という遷移段階に停滞させられているのである．里の雑木林も，10-20年間隔で伐採され，切り株から再度新しい萌芽が生長し，素早く元の林に戻ることを繰り返すことにより維持されていた（図2-7）．したがって，我々の身近で見ることのできる極相林とは，細々と残っている社寺林にすぎないといえるが，実際には，これらのほとんども人為の影響を受けている場合が多い．

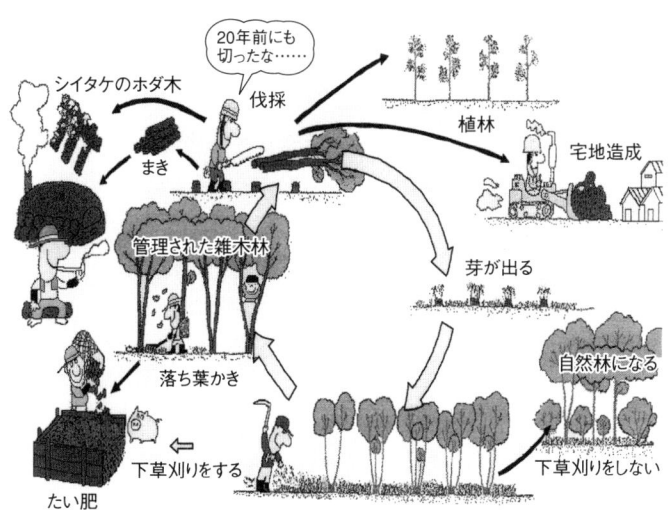

図2-7　人と雑木林の関係．早春の林床に咲く可憐な花を愛で，夏の木陰で涼を取り，秋の紅葉を楽しむような雑木林とは，定期的な伐採とその後の下草刈り，落ち葉かきなどという管理をしっかりとせねばならない．日本自然保護協会（1979）より改変．

チョウの寄主植物は，それぞれの遷移段階にしか出現せずにその段階の指標となるような種もあれば，さまざまな遷移段階の植物群落で生育できる種もある．前者を寄主植物とするチョウは分布範囲が狭く，後者では広くなるのが普通である．しかし身近な植物群落の多くが遷移の途中相であることは，結果的に，都市部であるほど開放的な生息環境となるので，草地性の種が多く生活することになってしまう．ところが，遷移段階の初期の植物群落は，遷移の進行が早かったり，人間の干渉が強かったりと不安定なため，同一の場所における個体群の継続的な維持が難しい場合もある．したがって，遷移の初期に出現する植物を寄主植物とするチョウは，広範囲を飛翔して寄主植物を探すことができ，かつ1雌あたりの産下卵数が多くなる種でなければ，生存できないのである．逆に遷移の後期の植物群落は，薄暗い光環境のため，それに適応した生活形をもつ植物が多く，これらの植物は他の遷移段階では見られない．これを寄主植物とするチョウは，その場から移動しにくく，分布範囲は限定されている．すなわち，チョウの分布や生息地は，陸上植物群落の遷移段階である程度決定されてしまう場合が多いといえる．

　これまで，チョウは寄主植物の出現する生息環境で森林性と非森林性に分けられてきた．たとえば，森林性の種としてムラサキシジミやミドリシジミの仲間が挙げられる．これらの種の幼虫の寄主植物は木本で，森林の植物群落の構成種であり，成虫は樹冠部や林縁部を飛翔している．また，林内の杣道などに接する林床には，イネ科を寄主植物とするコジャノメやハナミョウガを寄主植物とするクロセセリなどの成虫が見られるかもしれない．森林性のチョウは，森林という植物群落の三次元的物理的構造を利用して，複数の種が同所的に生活しているのである．いずれの場合も，寄主植物は森林の外には存在しないので，森林性のチョウとは植生遷移の後期に当たる森林という閉鎖的な空間を好み，明るい場所へは出ていかない種と考えられていた．非森林性の種はこれと対照的に，草地や樹木のない人工的に攪乱された植生域で生活し，明るく開放的な場所を好むとみなされている．

　トンボの幼虫は水域に生息するので，湿性遷移の初期が生息域の一部に必ず含まれる必要がある．ただし，水深は浅くなければならない．したがって，深い湖では，岸近くの浅い水辺でしか幼虫は生息できないので，トンボにとっての好適な生息地とは，浅い湖や沼，湿地ということになる．これらの場所は，

人為による埋め立てなどがなければ，比較的長期間，生息環境が維持されるので，チョウの生息地よりも，安定しているといえる．

(2) 極相

　我が国のように，中緯度に位置し降水量の多い地域では，二次遷移の進行が早く，最終的な極相林構成種が侵入してくるのも早い．極相林は高木層を構成する樹種によって分類され，気温と降水量の季節変化によって決まってくる．暖温帯では，照葉樹といわれるシイやカシなどの常緑広葉樹が，冷温帯ではブナやミズナラなどの夏緑樹が高木層の種として挙げられる．森林内の明るさは林冠から林床に向かって急速に減少するので，発達した森林ではそれぞれの光環境に対応した種による明瞭な階層構造が見られる．すなわち，照葉樹林では，スダジイやアカガシなどが作る林冠層の下にヤブツバキやカクレミノなどの亜高木層があり，さらに低木層にはイヌツゲやアオキなど，さらにその下の草本層にはジャノヒゲやシャガなどが地表を覆っている．

　どの遷移の途中相でも，その群落の下部には次の遷移段階を担う植物の芽生えがたくさん見られるのに対し，遷移の最終段階に当たる極相林の場合，上層木である陰樹の芽生えさえ生長するのが困難なほど，林床が暗くなってしまう．次世代の陰樹が芽生えることができずに，寿命のきた高木が枯死すれば極相林は消滅するかもしれない．実は，極相林には，寿命や台風などによって老木が倒れてできた小さな空き地（ギャップ）が散在している．このような空き地では，林床まで光が届くので，それまで暗い林床で我慢していた稚樹が伸張生長を開始し，枯死した親木に取って代わるのである．しかしギャップの周りの成木の枝が横に張り出してギャップの林冠を閉ざしてしまうこともあり，稚樹が親木に取って代わるまでには，林冠のギャップが何度か開いたり閉じたりする場合が多い．したがって，極相林とは，倒木によって作られる空き地ができては修復されるという繰り返しがあちこちに生じて，全体として，少しずつ世代交代が進んでいる林といえる．これを**ギャップ更新**という．すなわち，極相林とは，昼なお暗いひとかたまりの森林だけではなく，生じてからさまざまな年数の経ったギャップがモザイク的に生じているやや広い視野に立って見た森林なのである．なお，木が倒れたとき，周りの木を巻き込み，林冠に大きなギャップを生じる場合もある．このような大きめのギャップでは，陰樹の幼木よりは木本

26　第2章　生息環境

図2-8　スギ林内に小道を作ったため生じたギャップ．ギャップ内の高さ別気温を測定するために気球を揚げている．ノシメトンボは，このギャップの縁の地上2m位までの林床植生の上（枝先や草本の葉先）で静止し，採餌することが多い．

期のはじめに出現するような先駆樹種も侵入して，これらの樹木が生長してギャップの林冠をふさいでしまうことも多い．すなわち，極相林全体としては，さまざまな樹種やさまざまな生長段階にある種が共存しているといえる．

　ギャップの存在を考慮すると，極相林の林床といえども，暗い場所だけではなく，明るさの異なる光環境が存在していることに注意しなければならない．極相林に生活している多くの昆虫類は，暗い光環境ではなく，明るいギャップに集まっている．たとえば，ツリアブの仲間は，やや小さなギャップの中央でホヴァリングし，それを狙って，ヒタキの仲間がやってくる．極相林の優占種ばかりでなく，先駆樹種も生育しているような大きめのギャップには，出現する植物の種類も多くなり，それに対応して生活している昆虫類の種も豊富になっていく．さらに，ギャップ内の陰樹の芽生えや幼木の葉は，クチクラ層や細胞壁が薄かったり，柵状組織が1層の細胞でしかなかったりと，高木の樹冠上部の葉に比べて柔らかいのが普通である．高木層の葉よりもタンパク質の消化を阻害するタンニンの含有量が少ないので，チョウの幼虫にとって，林床近くの葉は好適な餌といえよう．森林性といわれ，成虫が主として樹冠部しか飛翔しないような種でも，実は，雌はギャップにやってきて舞い降り，寄主植物の

柔らかな葉を探して産卵している．高木の樹冠部周辺の葉群のみを産卵対象とする種はほとんどいない．したがって，極相林を生息場所とするチョウは，一部を除いて，暗い場所を好んでいるのではなく，寄主植物が極相林構成種というだけで，むしろ極相林の維持機構であるギャップ更新の過程を利用しているといえる．もっともその結果，寄主植物としてギャップに依存する樹木の葉を利用しているチョウは，極相林から遠く離れて生活することはできなくなってしまった．なお，光環境を代表とする飛翔のための物理的三次元の空間も，ギャップとそれ以外では全く異なっている．

トンボの成虫の生活に対しては，極相林の構成種より，ギャップの存在する樹林や，ギャップの大きさと分布が重大な影響を与えている．ギャップは双翅目や膜翅目などの小昆虫が集まってくるところであった．これらはトンボの成虫にとって好ましい餌であり，特に繁殖期前の性的に未熟な成虫にとって，ギャップは絶好の餌場となっている．アカネ属のノシメトンボの場合，成虫時代の大部分はギャップで過ごし，幼虫の生息場所である水田へは，産卵時しか訪問しない．

性的に未熟な時期のトンボの成虫が樹林を好むとはいえ，群落の垂直構造を利用して生活している種は多くない．アマゴイルリトンボの成熟した成虫は，夕方になると，ミズナラ林の樹冠部へと上昇し，ねぐらとしているのが，垂直移動について定量的に調べられた唯一の例であろう．アカネ属やシオカラトンボ属の成虫は，林内の低木層や林床植生の葉の先端部で静止している．冷温帯のノシメトンボはチシマザサの先端部で待ち伏せ型(sit-and-wait)の採餌行動を示している．したがって，トンボの場合，植物群落の空間構造を採餌場や隠れ場，休み場，寝場所として利用している場合が多いといえる．

2.4 攪乱と破壊

(1) 伝統的農業

極相林がギャップ更新によってほぼ永続的に維持されるとしても，現実の植物群落は，地形や微気象などの無機的環境要因と人為の影響によって，さまざまな二次遷移の段階に留まっている．特に里の場合，田畑や採草地，放牧地な

どといった集約的に管理された草地と，人工林や雑木林といった粗放的に管理された樹林，人手を入れにくい傾斜地や崩壊地がモザイク的に入り組み，これに幾種類かの水域がはさまって，多種多様な植物の生育環境を作り出し，独特の里山景観が醸し出されてきた．この景観の光環境は，人手の入らない奥山の極相林より開放的ではあるものの，都市部ほどではない．また，水田の存在のおかげでかなり湿潤でもある．

　我が国において，弥生時代の稲作を起源とする水田は，北海道や南西諸島を除き，普通に見られる里の景観といえよう．春の水入れと代かき，田植えの後，中干し（水落とし）を経て，秋の刈り取りまで，水田はイネという2mに満たない高茎草本の単一植物の群落として，人為的に管理され，成立している．水田群落の水深は原則として浅いが，常に水が供給され，田植えから水落としまでの間は，安定した田面水が維持される．浅い水深はトンボの幼虫にとって絶好の生息地となっている．水田におけるこのような水管理は，作付け品種が変わらない限り，毎年ほぼ同様に行なわれるため，トンボだけでなく，水田を利用する水生生物たちにとっても「安定」した生息環境を提供してきた．さらに水田の周囲では，水管理のための溜池や用水路が設置されており，これらは深い止水の池やさまざまな早さの流れとして，田面水とは異なる水空間を作り出している．したがって水田域は，トンボを含む水生生物に対して，多様な水環境

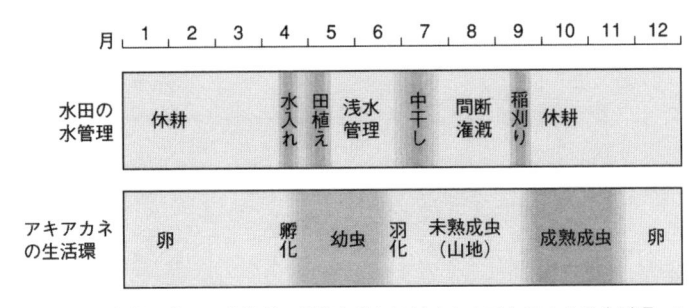

図2-9　一般的な水田の水管理の季節とそれに対応したアキアカネの生活環．5月の連休前後に田植えが行なわれる場合，水田への水入れは4月中頃に行なわれ，越冬した卵から幼虫が孵化してくる．したがって，幼虫時代を水田で過ごすアカネ属は，孵化が比較的斉一となり，羽化も斉一で，その後の齢の進行も斉一である種が多い．7月の中干しまでに羽化したアキアカネは，処女飛翔により水田を離れて山地へと移動してしまう．性的に成熟して水田へ戻ってくるのは9月の稲刈り前後になってからで，繁殖活動はそれから開始される．地方によっては，4月中旬に田植えを，8月末には稲刈りを行なっており，水田の水環境の季節変化の違いは，生息しているアカネ属の種構成に影響を与えている．

を提供していると考えられてきた．特にアカネ属の場合，冬を越した卵が翌年の田への水入れとほぼ同時に孵化し，幼虫はその年の中干しまでには羽化するので，水田の水管理に適応した生活史をもっているといえよう．

　水田耕作において，田の水落としは重要な管理方法である．安定していたかに見えた水環境は，一変してやや湿潤な草地環境となってしまう．用水路などで難を逃れた水生生物だけが，翌年まで生き残れるにちがいない．そして，アカネ属の産卵季節の中心である稲刈りの季節となる．このときの水田には，原則として水がない．イネは密生し，水田全体が一定の高さの草地植生の景観となっている．よく稔った水田であるほど，イネとイネの間に隙間がないので，イネの上を飛翔しながら打空産卵する種（ナツアカネやノシメトンボなど）しか水田に卵を産下することはできない．しかし，水田周囲の用水路周りや溜池は打空産卵しない種の産卵場所となり得るので，結果的に，水田景観が多種類のトンボの産卵を排除しているわけではないのである．

　現在では，刈り取り後，翌春まで，水田は乾燥したまま放置されるのが普通となった．冬をはさんだ5カ月以上，水田植生は貧弱となり，裸地化するところも少なくない．その結果，水田土壌は乾燥して硬くなり，トンボの幼虫や各種の水生生物の生活を許さないが，部分的には，地下水の湧き出しなどの影響で泥田化したり，降雨による一時的な水溜まりの生じる場所もある．これらの場所はすべて，卵越冬するアカネ属の産卵場所となっている．稲刈り時まで水

図2-10　イネの直上で連結打空産卵中のノシメトンボ．前が雄，後が雌．

田中心部には産卵できなかった打泥産卵や打水産卵するアカネ属成虫にとって，稲刈り後の裸地の放置という人為的影響は，水田を広大な産卵場所に変えたといえるかもしれない．したがって，1年を通して大きく変化する水田域の植生景観にアカネ属の生活環はたいへん良く適応していると考えられ，水田耕作が続く限り，これが毎年繰り返されるのが，我が国の低地における景観なのである．

(2) 開発事業

　近年，人間活動の影響によって，さまざまな種が絶滅したり，絶滅の危機に瀕していることが明らかとなってきた．種の絶滅自体は，人間の働きかけがなくとも自然に起こる事象であり，進化して新しい種が生じたりすることと併せて，地球上における生物の進化そのものではある．しかし，過去に起こった絶滅速度に比べて，人間によって引き起こされる絶滅速度ははるかに大きかった．特に先進工業国といわれる国々では，人口増加や工業発展によって，平坦で肥沃な土地は住宅地や工業用地に改変され，熱帯では，違法伐採や焼き畑などによる農耕地の拡大による森林面積の減少が続き，多くの生物の生息地が攪乱され，減少している．

　我が国においても2002年，新・生物多様性国家戦略が策定され，直面する生物多様性の問題点として，種の減少や絶滅，里山景観の変化，移入種や環境ホルモンなどによる生態系の攪乱が挙げられるようになった．150haを超えるゴルフ場の造成や，大規模住宅団地・工業団地の造成は，直接的には，既存の植物群落の消失を招き，それに伴う寄主植物の消失により，チョウの地域個体群の維持を困難にしている．わずかに残される「残存緑地」の面積は，地域個体群の維持を目的として根拠をもった広さではない．しかもこれらは互いに孤立している．開発事業者の定義する「残存緑地」とは，一旦裸地にして放置し「草が生えてきて緑が覆えば緑地」という場合さえ多い．開発の都合上，上層木を伐採して，しばらくしてから落葉樹を公園のように植えて「雑木林の再生」などという場合もあった．さまざまな遷移段階の植物群落がモザイク的に存在する里山景観がこのような「緑地」に変貌すれば，開放的な環境を好む一部の在来種しか再侵入できず，定着する種数は，開発前に比べてはるかに少なくなるにちがいない．

分断化

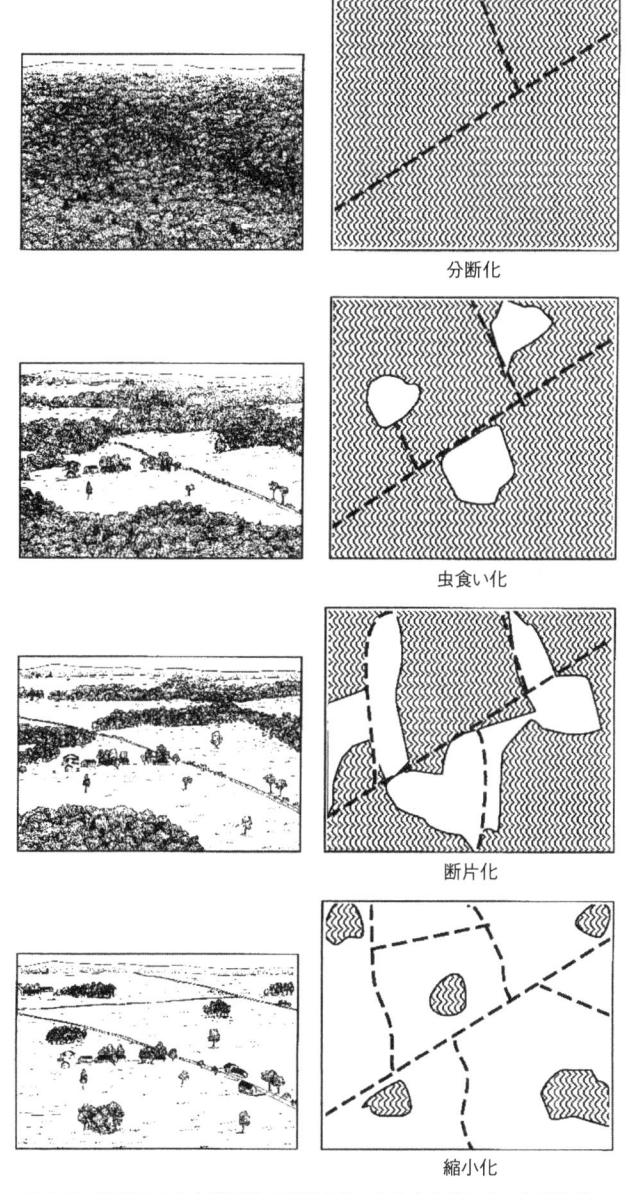

虫食い化

断片化

縮小化

図 2-11 開発による自然景観の変遷の例.森林を主体とする自然景観の中を縦横に道路を通したとする(分断化).この道路に沿って農耕地の開発が進み,自然景観は虫食い状態になっていく(虫食い化).さらに開発が進むと,農耕地が連続的に続くようになり,森林が分断化されてくる(断片化).その結果,昔からあった自然景観が小さく孤立化するようになってしまう(縮小化).Hunter(2002)より改変.

我が国では，人工的な建造物の間に散在する都市公園でも，大規模住宅団地や工業団地内においても，噴水池を作ったり，小さな洪水調整池などを整備して親水公園にしようとしたりすることが盛んになってきた．これらの水域は，水深が浅いという点においてトンボの幼虫の生息に好適で，都市の中央部でもトンボが見られる機会を増やし，結果的には，都市住民にトンボが身近な昆虫であることを再確認させている．しかし，人間の都合によって，水を抜かれたり，掃除されたりするので，不安定な水環境といえる．したがって，このような不安定な環境に適応した種しかやってこず，普通，それらは外来種であることが多い．

3 個体群動態
——産めよ増えよ地に満ちた？

　アメリカ人のチョウの研究者が来日した折，チョウを放し飼いにしている「昆虫園」へ連れて行ったことがある．たまたま，同行した中学校の英語補助（ALT）をしているアメリカ人が「なぜチョウなんかを研究するのか，チョウがなぜ大事なのか」と率直に疑問を呈したところ，彼は，チョウが大事な点を3つ挙げた．すなわち，チョウが花から花へと飛び回って蜜を吸うことで花粉媒介をしており，これによって，多くの花が咲き，多くの種子が稔っている．2つ目は，目の前をチョウの成虫が1頭飛んでいるとき，その個体はたくさん産み付けられた卵から何とか生き残った幸運な個体であり，裏返せば，卵や幼虫がそれだけたくさん食べられており，食う-食われるという連鎖の動物側の出発点といえ，生物多様性の底支えをしている結果であることを示している．3つ目は，翅の斑紋が複雑なチョウは，生物進化の具体例としての研究に値する．しかし，彼はすぐに「それにチョウはきれいだから，集めるのも楽しいし……」と片目をつむって付け加えたものである．

　我が国において，チョウやトンボの生態に関する野外研究は，子供たちが行なった夏休みの自由研究に毛の生えたものと軽んじられ，害虫研究を重視する立場からは一歩も二歩も下に見られてきた．専門の研究者は少なく，例外的な行動観察が珍重され，統計処理の不可能な一例報告の類が多かったこともその一因ではあったろう．しかも「害虫でもないチョウやトンボを研究して何になるんですか？」という金銭的即物的価値を前提とした偏見が我が国で拡がっている．実は，世界的に見ても，野外におけるチョウやトンボの個体群動態の研究者は多くない．特に開発途上国の大学や研究機関に属するチョウやトンボの研究者は「お雇い欧米人」を除けば皆無といえる．先進国に経済的に追いつくことが至上命令の国々では，このような「実生活にとって役立たない」分類群の基礎的な研究に割く財源も人材も，そして「心」の余裕さえないからかもしれない．一方，欧米のチョウやトンボの研究者は学界の中で一定の地位を保つ

ことに成功してきた．害虫の研究が「今」を視ようとしているのに対して，「チョウの研究は未来を洞察できる」とスタンフォード大学のエリック(P. R. Ehrlich)らは述べ，実際，その中から，個体群生物学の発展の基礎となった重要な発見や考え方が生じたのである．

3.1 個体数の変動

(1) 普通の生き物の個体数変動

　生きとし生けるものすべてに神は言った「産めよ増やせよ地に満ちよ」と．しかし現実は甘くない．この世の始まりから，生き物たちは「如何にライバルを出し抜いて我が遺伝子を子孫にばらまいていくか」にしのぎを削ってきた．他の生き物と「いのち」を奪い奪われるゲームを行ない，結果として，周りの環境に適した構造と機能をもって行動できる個体を作れる「遺伝子」が，今に至るまで残ることができたのである．すべての個体が自分勝手に振る舞っていたはずであったものの，長い長い進化の歴史の結果，これらの生き物たちの相互関係はどれもこれも落ち着くべきところに落ち着き，絶滅すべき種は絶滅してしまった．したがって「生態学的地位」は結果論であり，一見すると「落ち着いた種間の相互関係」による「生態系の安定した構造」が作り出されたのである．とすれば，産めば産むほど天敵を引きつけ，食べられてしまうので，増殖には自ずから上限が生じ，地に満ちることはできないにちがいない．

　個体群とは「ある限られた空間に住み，多少ともまとまりを有する1種類の生物の個体の集合」と定義されている．ここで，「空間」とは「出生率と死亡率を問題にできるほどの大きさ」をいう．いいかえれば「ある程度の個体数を常に維持できるだけの大きさ」となり，したがってその空間の「上限」は種全体となる．その特徴の一つは「単位面積あたりの個体数は変動するにもかかわらず，ほぼ一定のレベルを保つ」ことであるが，害虫を除いたとしても，経験的には，個体数が大変動しているように見える種も多い．しかし，ヒトを除いた生物は，原則として「食う−食われる」の関係から逸脱していないので，個体数の著しい増加や減少は，長い目で見る限り「誤差の範囲」にすぎないといえる．一般論として，哺乳類のような比較的大型で寿命が長く1回あたりの産

仔数の少ない動物では個体数の変動幅が比較的小さく，昆虫類のように小型で寿命が短く1回あたりの産卵数の多い「回転率の高い」動物では変動幅が大きい．

　昆虫類はしばしば我々の身の回りでたくさん「湧いて」くる．ツバキの木に湧いたチャドクガにかぶれて毛虫嫌いになったり，田んぼの上のアカトンボの大群を見て秋を実感したり，岩にしみいる鳴き声のセミの種を間違えてみたり，と我々日本人は特定の虫の数の増減で季節を感じ，それらの解釈として気候変動を占ったりすることが大好きなようである．一方，生態系の片隅でひっそり生きている昆虫も多い．このような昆虫類は大発生もしないが，数が少なく珍種や希種であっても，生息環境が保たれている限り「絶滅過程」にあるわけでもないことがわかってきた．

　イギリスのカシワ林において調べられたエダシャクとハマキガ，ミドリシジミの幼虫の個体数は，普通の生き物の個体数変動の良い例となっている（図3-1）．カシワの葉を食うシャクトリムシやハマキガの幼虫は，多い年には1m²あたり400–500個体もいた．このときには，葉という葉はすべて食い荒らされていただろう．林内の木を蹴っ飛ばせば，たくさんのシャクトリムシが糸を吐いて落ちてきたにちがいない．ところが，年によっては20–30個体となり，このような年では，樹冠を見上げるだけでは幼虫がほとんど見つからず，個体

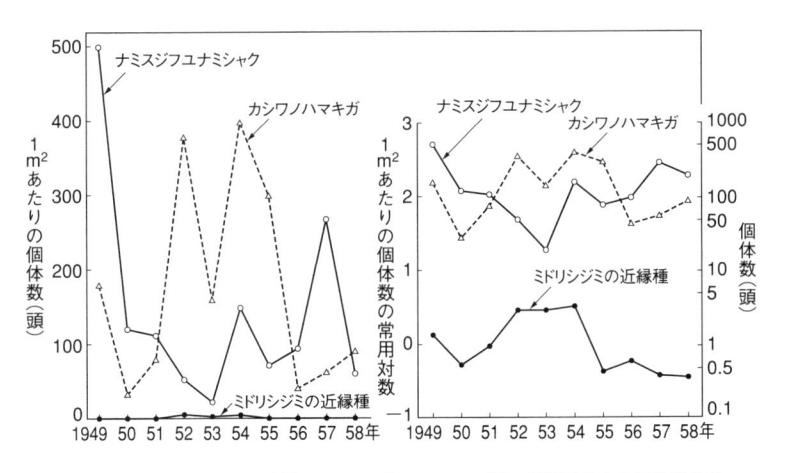

図3-1　オックスフォード近郊のカシワ林における3種の鱗翅目幼虫の個体数変動．左が密度を普通目盛りにとった場合で，右が常用対数にとった場合．詳細は本文参照．伊藤（1977）より改変．

数は毎年大変動しているように思われていた．一方，同じ林に生息しているミドリシジミの幼虫数は，どの年も，蛾の幼虫に比べてはるかに少なかった．我が国でも，ミドリシジミ類の幼虫密度はたいへん低くて，愛好家が目の色を変えて探している種もいる．このような密度では，個体群が変動しているかどうかもわからない．しかし，イギリスのカシワ林におけるこれら3種の個体数を対数に変換してみると，どの種の年変動も，密度の高いときと低いときで10倍の差に収まっていた．すなわち，個体数が大変動をしていたかに見えた前2種と，ほとんど変動らしい変動を示さないように見えたミドリシジミが，同じような幅の中で増減のパターンをもち，単に，変動するレベルが異なっていたにすぎなかったのである．

　もちろん本当に大発生をする種もいる．最も古い大発生の記載は旧約聖書の『出エジプト記』にあるといわれている．「建国の地イスラエルへ戻りたい」というモーセの嘆願を頑なに拒否したエジプトの王に対する神の怒りは，バッタやヘビやカエルが大群で押し寄せたことに示されたそうで，バッタの大発生が古来より人類の大敵であったことは間違いがない．エジプトでは，紀元前2345-2181年の間に少なくとも6回の大発生が記録されているという．中国ではこれを飛蝗といって恐れ，200年ほど前のヨーロッパでは，あちこちに「対

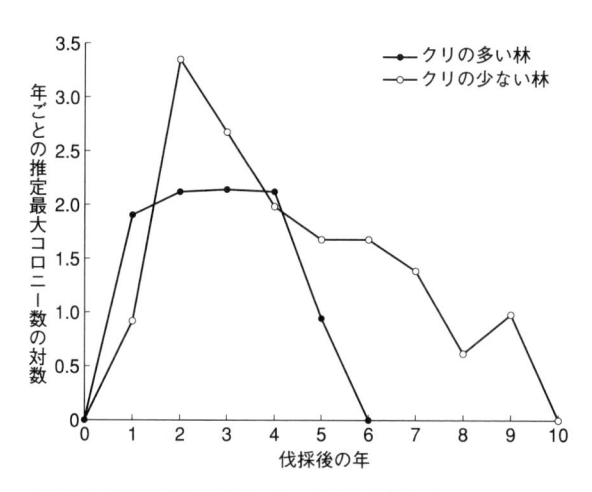

図3-2　伐採跡地におけるコヒョウモンモドキ *Mellicta athalia* の個体群動態．ヨーロッパグリ *Castanea sativa* の芽生えの多い林と少ない林で分けてある．縦軸は対数であることに注意．Pullin(1995)より改変．

飛蝗研究所」が設立されていた．アフリカにある植民地の緑をバッタどもに荒らされては，搾取できる量が少なくなってしまうからである．こうした長年の研究の結果，現在ではバッタをはじめとするさまざまな種の大発生の機構がかなり解明されてきた．とはいえ，それでバッタの大発生が収束したわけではなく，アフリカの国々では内戦や干ばつ，飢餓に加えて，今でも大発生にも悩まされ，踏んだり蹴ったりの状況にある．

「大発生」は昆虫の専売特許ではない．タビネズミの仲間は，今でもツンドラ地帯で大発生を繰り返し，集団自殺もしているらしい．ドブネズミに至っては，ペスト菌のノミを連れて大発生し，我々の生活を脅かす．中世のヨーロッパの城塞都市では，このためにヒトがバタバタと死に「ハーメルンの笛吹」物語が生まれる土壌となった．現在では，ネズミの大発生の機構に対して，ストレス説など多くの説が提案されている．

(2) **出生と死亡——指数関数的増加**

自然界の個体群は，時の経過とともに無限大に増加するわけではなかった．絶滅したり大発生したりしない限り，長期間を通じてみると，ヒトを除くすべての生物の個体群において，環境が安定していれば個体数も比較的安定している．このようなときは，単位時間あたりの出生数と死亡数がほとんど同じ値をとることになる．しかしそうはいっても，我々の目の前における具体的な個体群密度は決して同じ値を示すことはない．季節や年によって常に変動し，それに関わるのは「出生」と「死亡」，「移入」と「移出」のバランスである．野外個体群では移入と移出が個体群動態に重要な影響を与えることが多いものの，個体群動態をモデル化する際には，移出入を無視できる理想個体群(実験個体群)を出発点とする方が考えやすい．すなわち，単位時間あたりの出生数と死亡数の差し引きで個体数の変動を解析するのである．

ある一つの個体群における「単位時間あたりの出生数(死亡数)」とは，「出生率(死亡率)」にそのときの個体数を掛け算したものである．すなわち，出生率と死亡率の「差し引き」にそのときの個体数を掛け算すれば「個体群の増減」の数を求めることができる．この「差し引き」を「増加率」と呼び，減少する場合はマイナスの値をもつ．

ここで出生率を b，死亡率を d，そのときの個体数(密度)を N とすると，一定

時間内の出生数は bN で，死亡数は dN となる．この間の個体数の変化を $\Delta N / \Delta t$ とすると

$$\frac{\Delta N}{\Delta t} = bN - dN$$

と表わせる．出生率と死亡率の「差し引き」である増加率を r とすれば，

$$r = b - d$$

と定義できる．したがって，

$$\frac{\Delta N}{\Delta t} = rN$$

ここで「一定時間 (Δt)」を限りなくゼロに近づけると簡単な微分方程式が成立する．

$$\frac{dN}{dt} = rN$$

この式が得られた以降，b や d の「出生率(死亡率)」や r の「増加率」には〈瞬間〉という言葉が頭に付けられることになる．この微分方程式を「個体群の指数関数的増加曲線」という．これは高校数学で簡単に解くことができ，出発点となる個体数を N_0 とおくと，時刻 t における個体数 N_t は

$$N_t = N_0 e^{rt}$$

となり，単調増加する．したがって，瞬間増加率［r］（＝「瞬間出生率」マイナス「瞬間死亡率」）が大きければ早く増え，小さければ増え方が遅いという違いはあるものの，いずれにしても，個体群は無限大に増殖することになってし

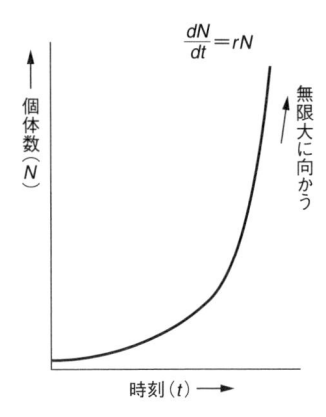

図 3-3　指数関数的増加曲線．

まう.

　もちろん，地球上のすべての生き物は，自己の子孫を可能な限りたくさん残そうとしているので，すべての環境条件が最適であれば，結果的に，無限大に向かって個体数は増え始めるかもしれない．しかし，生活場所という物理的空間は地球上において有限である．そもそも環境条件は時により場所により変動して，生き残る数は常に影響を受けている．気候要因のような無機的環境が良好だったり，生物的環境である餌が多かったり天敵が少なかったりすれば，個体群密度は上昇するが，その逆も生じるであろう．したがって，指数関数的増加というのは野外の個体群の実体を表わしてはいないのである．そもそも，野外で長く安定して存続しているとしたら，その個体群のrは，長期的な視点ではゼロであるにちがいない．

(3) ロジスティック的増加と密度依存性

　個体数が増えれば増えるほど何らかの要因により個体群の増殖率がどんどん抑えられ，最後には「増えも減りもしない」安定した個体数に落ち着くという経験則が受け入れられている．たとえば，餌を入れたびんの中でキイロショウジョウバエの雄と雌1頭ずつを飼育すると，成虫の個体数は増加するが，食物や生活空間には限りがあるので，だんだんと餌や空間をめぐる個体間の競争（種内競争）が激しくなって，1雌あたりの産下卵数が減少したり，死亡率が上

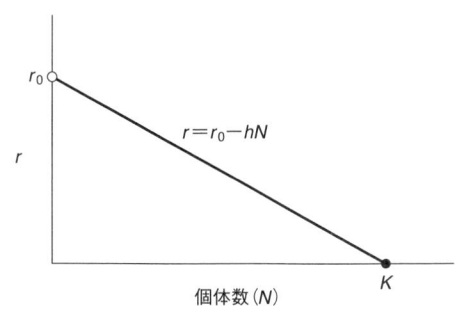

図3-4　個体群密度（単位面積あたりの個体数）の増加に伴い瞬間増加率（r）が直線的に減少すると仮定したときの変化．横軸は個体群密度，縦軸はrの値．個体群密度が限りなくゼロに近いときのrをr_0（内的自然増加率）とし，rがゼロとなった時点の個体群密度をK（環境収容力）としている．

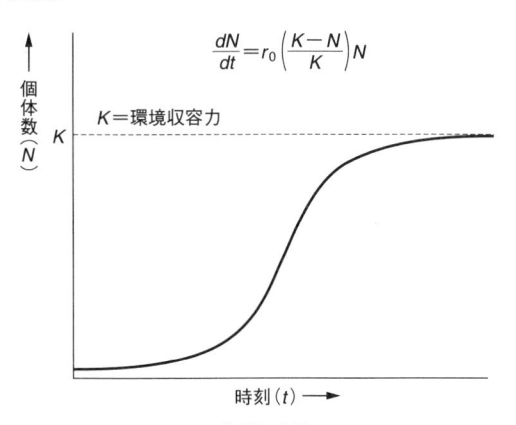

図3-5 ロジスティック的増加曲線.

昇したりして,差し引きの増加率が低下し,最終的にはゼロになってしまう.野外の場合なら,個体数が増えれば,捕食圧も上昇するにちがいない.このように,個体数の上昇に伴って生じる増加率の低下を**密度効果**という.単純な密度効果のモデルは「瞬間増加率は個体数の関数で,密度の増加とともに直線的に減少する」という仮定である(図3-4).瞬間増加率がゼロになるときの個体数は**環境収容力**(Carrying Capacity)といい K と定義され,個体数が限りなくゼロに近い点($N=0$ のときのY切片)を**内的自然増加率**(r_0)と定義し,これを瞬間増加率の最も高い値とすると,

$$r = f_{(N)} = r_0 - hN$$

という式が得られる.ここで,h はベルウルスト・パール(Verhurst-Pearl)係数と呼ばれる.これを K で書き直せば,

$$r = r_0 - \frac{r_0}{K} \cdot N$$

$$= r_0 \frac{K-N}{K}$$

これを指数関数的増加の微分方程式の r に代入すると,

$$\frac{dN}{dt} = r_0 \left(\frac{K-N}{K}\right) N$$

となる.この解が

$$Nt = \frac{KN_0 e^{rt}}{K + N_0 e^{rt-1}}$$

で，S字型の曲線，いわゆるロジスティック曲線である．なお，この微分方程式を1回微分してゼロとおけば変曲点が得られ，$N = 1/2 \cdot K$ となる．変曲点とは曲線の接線の最大値の場所なので，個体群の増殖率が最大になる場所を示している．したがって，増殖率は，個体数が増え始めた頃は低く，環境収容力の半分位の密度で最も高く，その後再び減少して，最後にゼロとなる変化を示す．一方，瞬間増加率は個体群密度が限りなくゼロに近いときが最大となって，個体群密度の増加に伴って単調に減少していく．このように「増加率」と「増殖率」の2種類の「率」は本質的に異なっているが，しばしば混同され，保全の現場でも誤って使用されているので注意が必要である．

個体群の増殖率が最大となる変曲点は，応用面からしばしば注目されてきた（図3-6）．収穫などによって個体群密度を少々低下させても，最も短期間で元

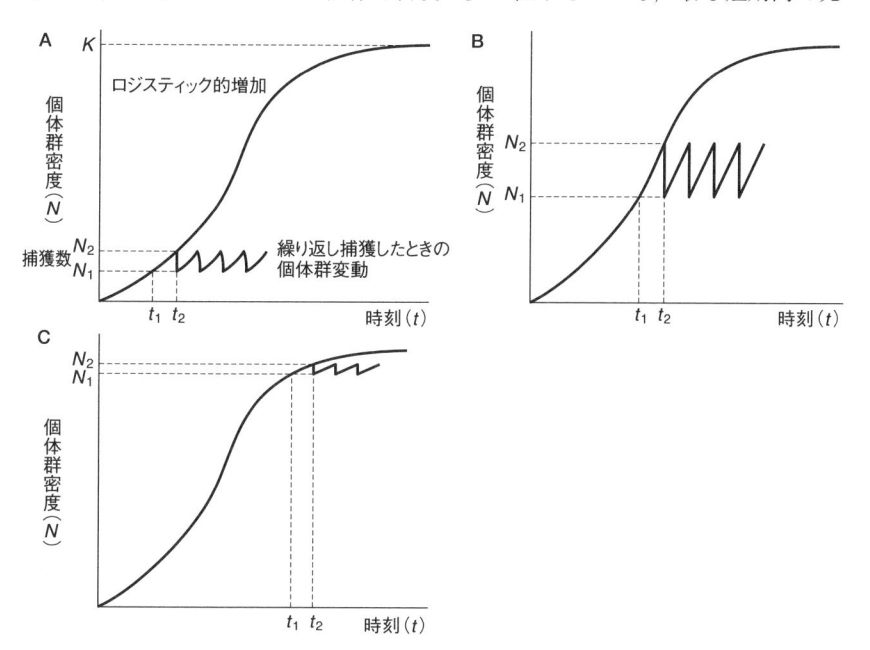

図3-6 ロジスティック的増加曲線を示す個体群において，捕獲などに対する個体群密度の回復過程．A：環境収容力よりもはるかに低い密度で捕獲したとき，B：環境収容力の約半分の個体群密度（1/2K）で捕獲したとき，C：環境収容力近くの高密度のときに捕獲した場合を示す．ほとんど同じ時間で捕獲前の個体群密度に回復する場合，Bの場合が最もたくさん捕獲できることがわかる．Weddell（2002）より改変．

の個体数に戻る位置が変曲点近傍だからである．しかし問題点は多い．ここでいう個体数とは，生まれたばかりの子供から老齢で死ぬ間際の個体まで，等しく1頭と数えているのである．したがって，「個体群の齢構造を変化させずに収穫によって個体群密度を低下させる」とは「すべての齢に対して等しい割合で収穫する」ことを意味するので，小さすぎる個体も老齢すぎる個体も，そのときの個体数に対して同じ確率で収穫しなければならず，実際的ではない．野外においても，捕食者の好む餌の大きさの範囲はある程度決まっているので，すべての齢の個体が等しい確率で捕食されることはなく，結果的に，個体群の齢構造は変化してしまう．たとえば，最も繁殖活動の盛んな齢の個体ばかりが捕食者に狙われれば，増殖率は低下し，元の個体数に戻るまでには時間がかかることになる．

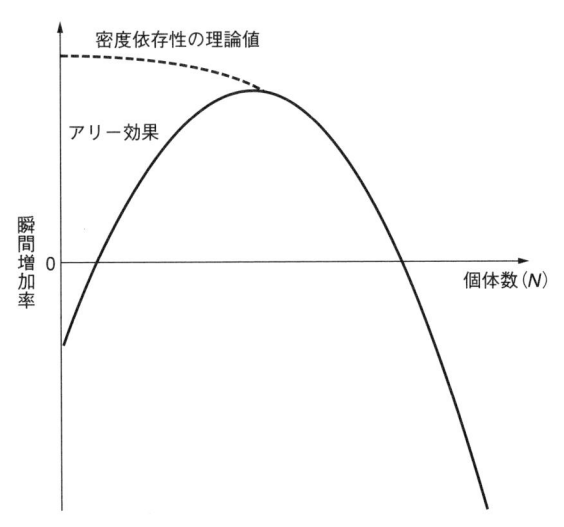

図3-7 アリー効果の模式図．普通，個体群密度の増加に伴って瞬間増加率は減少するが，個体群密度の極端な減少も瞬間増加率を減少させるのが普通である．交尾相手を見つけにくくなったり，群れ生活で採餌する種では餌を効率よく捕れなかったりした場合が想定されてきた．したがって，この図は，個体群にとっての最適な瞬間増加率が存在することを示している．ただし，近年の社会生物学の視点で見れば，この値が個体群を構成する個々の個体にとっての最適密度ではない点に注意しなければならない．なお，この図は，ある閾値以下の低密度になると，個体群が絶滅することも示しており，保全生態学の重要な基礎理論となりつつある．Pullin(1995)より改変．

そもそもロジスティック増加のモデルは，生物の実体と異なる前提の上に成り立っている．個体群密度の増加率(r)は密度(N)の増加に対して直線的に減少すると仮定したが，密度効果が「直線的」に生じるという保証は全くない．また，密度効果の直線式は，個体群密度(N)が増加率(r)に及ぼす効果を瞬間的(連続的)で時間的な遅れのないことを示しているが，生物がこのような反応を示すことは絶対にない．たとえば，ある1頭の雌がある数の卵を産むと考えたとき，卵を産んだまさにその瞬間にNが変わり，同時にrが変わるので，隣にいた雌はそれに対応した数の卵を産まねばならないことを意味しているからである．

齢構成が安定していること(＝世代の重なり合いが完全であること)や環境条件が常に一定であるという前提は，特に温帯以北に生息する昆虫類を扱う場合には当てはまらないことが多い．また，Nが非常に低い値をもつようになったとき(＝個体群が事実上絶滅に瀕しているとき)，rが最高のr_0になるのは非現実的である．このような場合，繁殖期に交尾相手を見つけにくいばかりか，近親交配の危険性も増加するにちがいない(図3-7)．これらの前提条件は，野外

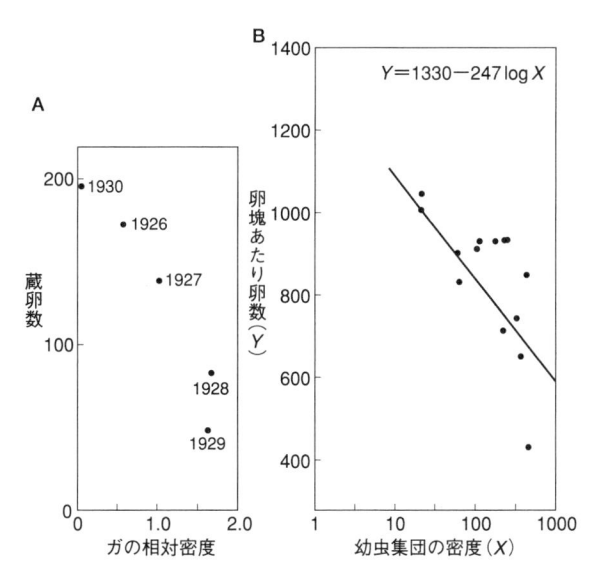

図3-8 密度効果の例．A：ニカメイガの密度と蔵卵数の関係，B：アメリカシロヒトリの幼虫密度と卵塊サイズ(卵塊あたりの卵数)の関係．嶋田ら(2005)より改変．

の生物個体群ではあり得ないので，ロジスティック式は理想化された単純な状況下の個体群成長式にすぎないといえる．しかし，さまざまな生物の個体群において，条件を整えてやればこのモデルと似た個体群成長を見られることがわかってきた．また，環境変動によって増加率が変動したり，密度効果に時間の遅れが生じたりする場合，この式のいろいろな部分を修正し複雑な式を作り出すことが可能である．その点で，この式は，個体群成長のモデルの出発点となり，生態学のモデルの中で，最も広範囲に利用されてきた．そして，その基礎となるのは密度効果である．

　密度効果は，捕食圧が高くなって死亡率を高めたり，産卵(仔)数が減って出生率を低めたりすることだけではない．小型化して死亡率が高くなったり，1雌あたりの産卵数が減少したりする場合もある．すなわち，密度効果とは「個体数の増加に伴う悪影響」を指し，「個体数の減少に伴う良い効果」ではない**一方向性の効果**なのである．したがって r_0 が出発点となり，これを特に「内的自然増加率」と呼ぶのは，その個体群の生息環境が同じであれば常に同じ値をもつからで，r_0 は種特異的な値と考えられてきた．すなわち，内的自然増加率の大小は個体群の増殖の速さの大小を示し，種間の比較に都合の良い指数といえる．

　密度効果が個体の形態や行動に現われる例は昆虫類に多い．たとえば，トノサマバッタを卵期から低密度で飼育すると体が緑色の成虫となる(図3-9)．こ

図3-9　トノサマバッタの相変異．左が群生相，右が孤独相を示す．詳細は本文参照．桐谷・田中(1987)より作成．

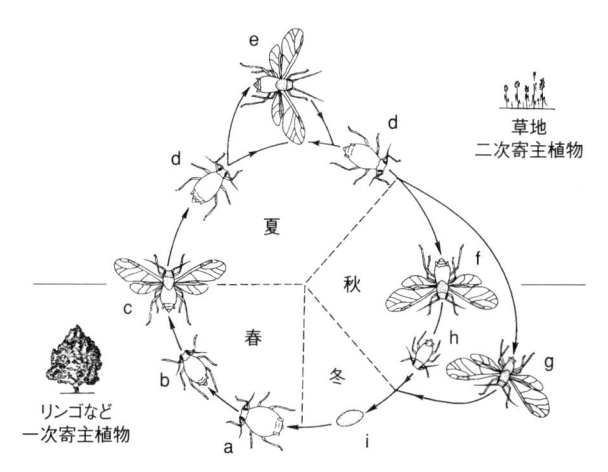

図3-10 アブラムシの一種 *Rhopalosiphum padi* の生活環と翅多型. 普通, アブラムシには有翅型と無翅型が生じ, 前者は飛翔できて移動性が強いが, 後者は飛翔できず定住性である. この翅型の決定要因は, 相変異と同じく, 個体群密度によることもあるが (dとe), 日長や温度などの季節要因によって有翅型しか生じない場合もある (cとf, g). これらを併せて, 分散多型性と呼ばれている. なお, g (雄) と i (卵) 以外はすべて雌. Daly *et al.* (1978) より改変.

れを孤独相といい, 後脚は頑丈で, 飛び跳ねるのに適している. 一方, 高密度で飼育すると, 体色が黒ずみ, 後脚が短く, 体がやや小さいわりに翅の長い成虫となる. これを群生相といい, 飛翔能力に優れ, 集合性が強い. 雌の卵巣の発育もやや遅れがちで, 高密度で環境の悪化した生息地を離れ, 新しい生息地を求めて集団で移動し, 移動先で定着するのに適している. ところが, 群生相の個体が産んだ卵を低密度で飼育すると, 再び孤独相に戻ってしまう. このような個体群密度による形態や行動の変異は相変異と呼ばれ, ヨトウガやアメンボ, カメムシなどでも知られてきた.

　バッタをはじめとする各種の動物の大発生の機構は, 個体群が増殖したときに生じるさまざまな悪影響の凌ぎ方の表われの一つである. かつては「その種個体群のために」集団で移動したり自殺したりすることで個体群の存続を目指しているという全体主義的な解釈であったが, 今では, 個体群を構成している個々の構成員の生残目的の表われという結果論と考えられている (個体の人権を尊重？). すなわち, 個体単位の生残行動といえよう. したがって, 大発生といえども密度効果の表われなのである. 大発生は, 周期ゼミのように, 結果

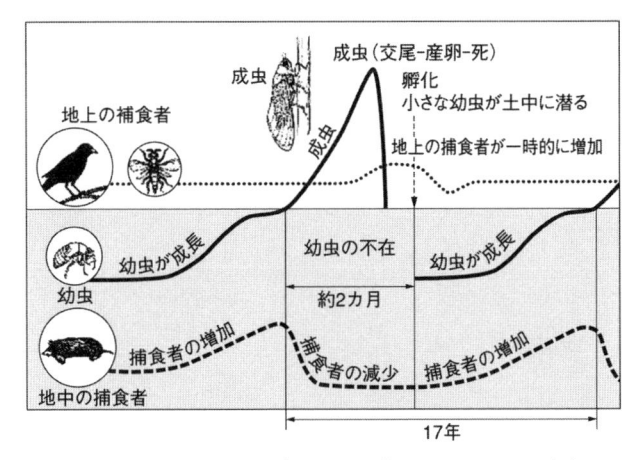

図3-11 天敵からのエスケープの例——周期ゼミ．アメリカに生息する周期ゼミは17年(種によっては13年)ごとに成虫が大量羽化し，それ以外の年には羽化してこない．羽化した年，鳥やハチなどの天敵が成虫を捕食したとしても，セミの数が多すぎて，密度依存的に減らすことはできない．しかも，餌となる成虫は1カ月もすればすべて消滅してしまうので，天敵の数は増加しない．成虫の数よりもさらに大量の卵が木や灌木の枝に産み付けられたとしても，これらの天敵の餌とはならないからである．卵が孵化し，幼虫が地上から地中に潜り込むまでの間，アリなどによる捕食があるものの，その数は莫大な幼虫数に比べればたかがしれている．地中で成長する幼虫は齢を重ねるごとに体が大きくなり，モグラなどにとっての好適な餌となってくるので，モグラは個体数を増加させるかもしれない．しかし，大量の餌は，ある日忽然と消滅してしまう．地上に出て羽化するからである．そして，程なく地中に戻ってくるのは，さらに大量の次世代の幼虫であっても，小さすぎて餌とはならない．モグラたちが餌とできる大きさになるまでには，また何年もかかってしまうので，モグラの数はセミの数に対応して増加するわけにはいかないのである．そのため，周期ゼミはどのような天敵からも密度依存的捕食圧を受けていないと考えられている．一方，もし周期が15年のような場合，3年周期や5年周期の天敵が出現する可能性が高い．4回分ないし2回分を他の種を餌として凌いでおいて，15年目に大量に出てくる周期ゼミを待てばよいからである．したがって，17年という長い期間の幼虫生活と，17という素数がこの天敵からのエスケープを保証していると考えられている．Wilson(1975)より改変．

として**天敵からのエスケープ**の結果の場合もある(図3-11)．しかし，周期ゼミも地には満ちていない．いずれにしても，長い目と広い視野で見る限り，生態系の構成要素に組み込まれている生物の中で，地に満ちた種はいなかったのである．

(4) **生命表と生存曲線**

雌によって産下された卵が成虫になるまでにどのような原因でどれくらいの

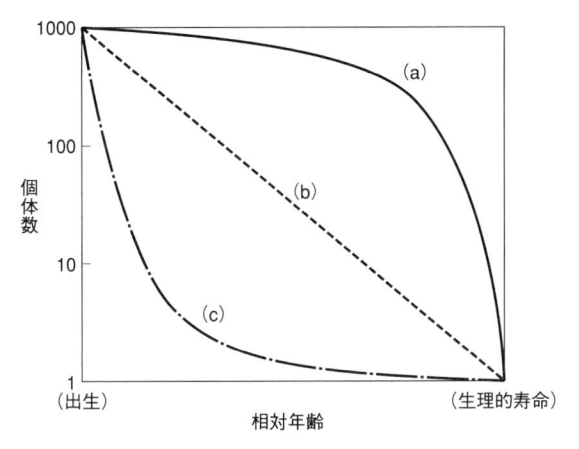

図 3-12　生存曲線の教科書的な分類．(a) はヒト，(b) はヒドラ，(c) は海産カキ，などという種が例として挙げられることが多い．

割合で死亡するかをまとめ，表にしたものを**生命表**といい，それを基に描いたグラフを**生存曲線**という．本来は生命保険会社が掛け金の算定根拠として各年齢における人々の期待寿命を計算する道具であった影響を受け，初期の生命表作成の研究は，比較的寿命が長く齢構成が多様で1回あたりの産仔数の少ない哺乳類の解析に限られていたようである．しかしこの解析方法は，農耕地の鱗翅目害虫のように，一斉に産卵されて発育段階が揃っている種の方が調査しやすく，より詳しい解析が可能となるのはいうまでもない．各発育段階における死亡要因を特定でき，密度維持制御機構を明らかにすることは，害虫防除に欠かせない武器となったのである．その結果，各種の蛾類の生命表が，これまでに多くの農耕地や造林地で作成されてきた．

　生命表から得られた生存曲線はいくつかのパターンに分類されてきた．特に有名なのは，縦軸の個体数が対数で表わされた高等学校の教科書に必ず掲載される3分類である(図3-12)．すなわち，初期死亡が少なく平均寿命前後に大部分の個体が死亡する晩死型(a)と，1雌あたりの産卵数が多くて初期死亡は大きいがその後の死亡率は比較的小さい早死型(c)，それらの中間となる死亡率が一定の型(b)，である．晩死型の例としては，胎生で出産後も長期間母乳で子を育てる哺乳類やヒトが挙げられ，卵生だが大型の卵を少なく産み，ときには子育てもする鳥類や爬虫類などは，死亡率一定の型を示すとされる．昆虫

表3-1 伐採跡地におけるナミアゲハの生命表.

発育段階　死亡要因	第1世代 lx	dx	100qx	第2世代 lx	dx	100qx	第3世代 lx	dx	100qx	第4世代 lx	dx	100qx
卵	95.3個			63.0			104.7			322.8		
生理死と小型捕食動物(卵寄生蜂など)		22.7個	23.8%		—	—		20.0	19.1		69.4	21.5
中型捕食動物		13.6	14.3		—	—		57.3	54.7		67.1	20.8
大型捕食動物(測定誤差を含)		21.8	22.9		—	—		0.0	0.0		31.6	9.8
小計		58.1	61.0		25.0	39.7		77.3	73.8		168.1	52.1
1齢幼虫	47.2頭			38.0			27.4			154.7		
アリ類(トビイロケアリ・クロオオアリ・トビイロシリアゲアリなど),クモの幼生,不明		3.9頭	10.6%		—	—		1.4	5.0		27.8	18.0
クモ類(ハナグモ・マミジロハエトリなど),直翅目昆虫(カンタンなど),不明		7.9	21.2		—	—		9.2	33.6		30.6	19.8
大型捕食動物		8.4	22.6		—	—		0.0	0.0		0.0	0.0
		20.2	54.4		10.8	28.5		10.6	38.6		58.4	37.8
2齢幼虫	17.0			27.2			16.8			96.3		
アリ類(トビイロケアリ・クロオオアリ・トビイロシリアゲアリなど),クモの幼生,不明		3.1	18.3		0.0	0.0		0.0	0.0		11.0	11.4
クモ類(ハナグモ・マミジロハエトリなど),カメムシ類(オオメカメムシなど),不明		0.0	0.2		12.3	45.1		10.1	60.3		26.8	27.8
大型捕食動物		5.5	32.5		0.0	0.0		3.0	17.7		0.0	0.0
		8.6	51.0		12.3	45.1		13.1	78.0		37.8	39.2
3齢幼虫	8.4			14.9			3.7			58.5		
病気,クモの幼生,不明		0.5	5.6		—	—		0.0	0.0		5.3	9.0
アシナガバチ類(コアシナガバチ・ヤマトアシナガバチなど)		2.8	33.7		—	—		2.8	75.0		22.6	38.7
大型捕食動物		2.5	30.3		—	—		0.8	22.5		0.0	0.0
		5.8	69.6		4.2	28.0		3.6	97.5		27.9	47.7
4齢幼虫	2.6			10.7			0.1			30.6		
病気,不明		0.0	0.0		0.0	0.0		0.0	0.0		2.0	6.5
アシナガバチ類(コアシナガバチ・ヤマトアシナガバチなど)		0.2	6.7		2.7	25.0		0.1	88.9		0.0	0.0
鳥類(ホオジロ・ウグイスなど)		0.6	21.6		1.3	12.5					12.8	41.9
大型捕食動物		0.8	28.3		4.0	37.5		0.1	88.9		14.8	48.4
5齢幼虫	1.8			6.7			0.0			15.8		
アシナガバチ類(コアシナガバチ・ヤマトアシナガバチ・スズメバチ)		0.0	0.0		0.0	0.0		0.0	40.0		0.0	0.0
鳥類(ホオジロ・ウグイスなど),カマキリ,不明		0.1	7.9		3.4	50.0		0.0	0.0		7.6	48.1
		0.1	7.9		3.4	50.0		0.0	40.0		7.6	48.1
前蛹	1.7			3.3			0.0			8.2		
不明(鳥?)		0.1	6.9		0.0	0.0		0.0	16.7		0.5	5.5
蛹	1.6			3.3			0.0			7.7		
脱皮失敗		0.2	14.1		0.0	0.0		0.0	0.0		0.0	0.0
アゲハヒメバチ		0.8	51.5		1.1	33.3		0.0	16.7		1.3	16.7
		1.0	65.6		1.1	33.3		0.0	16.7		1.3	16.7
成虫	0.6			2.2			0.0			6.4		
死亡率の合計			99.4%			96.5			100.0			98.0

lx:カラスザンショウ100本あたりの生存数,dx:死亡数,qx:死亡率.

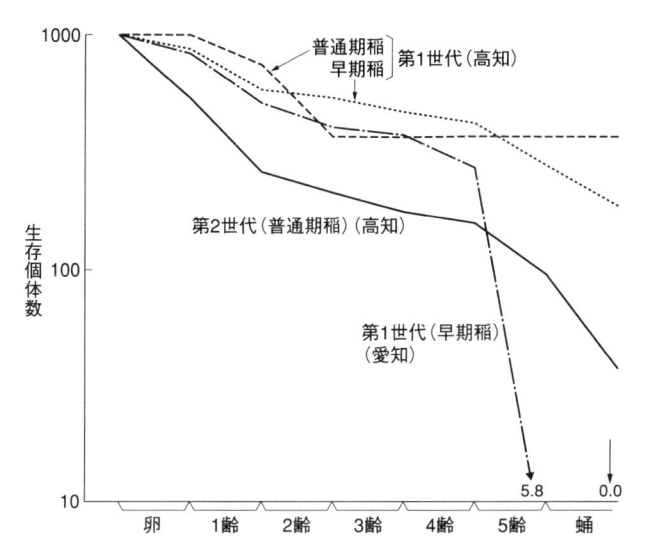

図3-13 水田におけるヒメジャノメの生存曲線. 福田・高橋(1988)より改変.

類は一般に多産で初期死亡率が高いので，早死型と考えられてきた．しかしこのようなパターン分けは，大きな分類群同士で比較して解説するような場合には有効でも，実際の具体的な種同士を比べる研究には使えない．たとえば，チョウを代表とするような完全変態で植食性の昆虫類の幼虫期では，たいてい齢期特有の捕食者が存在するので，スムーズな生存曲線は描けないからである．もっとも，この点を逆手にとって，鱗翅目害虫の生命表や生存曲線の解析結果から，どの齢期が防除に重要かなどが明らかにされ，総合防除の技術の発展に貢献している．

　チョウの幼虫期における詳しい生命表は，国外ではモンシロチョウとオオモンシロチョウ，オオカバマダラ，イチモンジチョウが，我が国では，モンシロチョウとヒメジャノメ，イチモンジセセリ，アゲハ類，ウラゴマダラシジミ，オオムラサキなどで報告されてきた．これらの生命表において，死亡要因として挙げられた捕食者のほとんどは多食性捕食者といわれ，種特異的な天敵は多くない．チョウの個体数は害虫に比べるとかなり少ないため，特定の種を攻撃するような捕食者は進化しにくいからである．ただし，卵期の寄生蜂タマゴヤドリバチ類や，幼虫期に寄生して蛹期までに幼虫や蛹の中身を食い尽くし，成

虫として脱出するヒメバチ類やアシブトコバチ類，アオムシコバチ，アオムシコマユバチ，ヤドリバエ類などは，種特異的な傾向が強い．これらの生命表により，チョウの卵期から幼虫期の生存曲線は初期死亡が高い早死型よりも死亡率一定型に近く，その原因はチョウが常に低密度個体群であるためと考えられている．

　トンボの幼虫期における生存曲線は，カラカネトンボなどのごく一部の種について知られているにすぎない．幼虫の生息する水域には，普通，複数の種が飛来して産卵しているので，特定の種だけを取り出して個体数の消長を調べるのは難しいからである．体が小さい若齢期の個体では，肉眼で同定が困難な種も多い．しかも水生昆虫群集では，体の大きさによって捕食-被食関係の決まることが多いので，ある種の餌となっていた種でも，成長して体が大きくなると，反対に，餌としてしまうことがある．類似した餌を同じような摂食様式で利用する生物集団をギルドと呼び，トンボの幼虫群集のように捕食者同士でも捕食し合っていることを**ギルド内捕食**という．この状況では，チョウのように，齢期特有の死亡要因として特定の種を挙げることはできない．したがって，幼虫期の生命表を得ることは難しく，生存曲線が得られるとしても，無機的環境

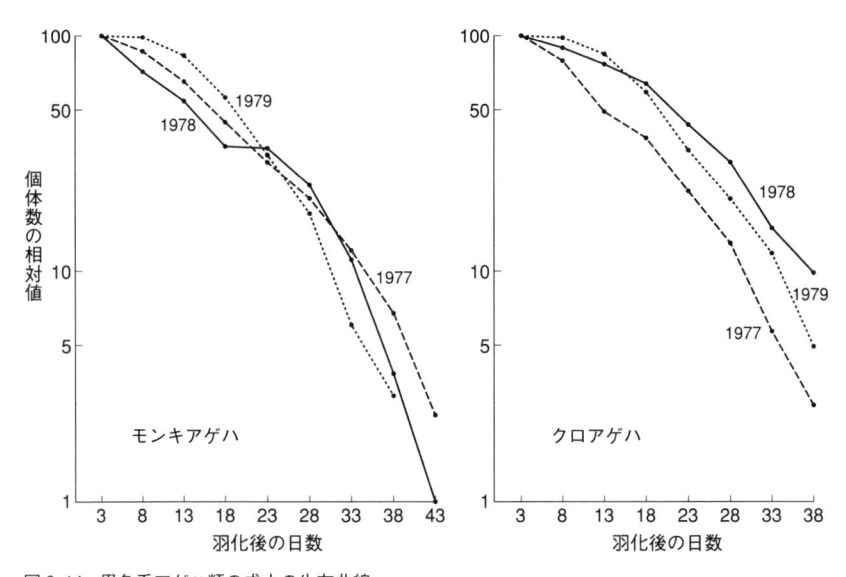

図3-14　黒色系アゲハ類の成虫の生存曲線．

が厳しくて，生息水域に他種のトンボがほとんど存在しないか，存在したとしても簡単に同定できるような場合に限られる．冷温帯上部や亜寒帯の低温に保たれている水域や，水域周囲の景観が特殊であったり，水域が汽水などの水質であったりした場合がこれに当たる．

　昆虫類の場合，脱皮を繰り返して体を大きくしていく幼虫時代では，齢期と体の大きさがほぼ対応するので，体の大きさや特徴によって個体の日齢を推定することが可能である．ところが成虫時代になると，体の大きさは日齢の指標にはならない．チョウの場合，羽化後，飛び回っているうちに，鱗粉がはげ落ちたり，翅の縁が破れてきたりするので，日齢の推定には，翅の汚損状態が指標に用いられてきた．普通，羽化直後の新鮮な個体(FF)と翅がボロボロになってもう余命がほとんどないと思われる個体(BBB)，その中間(B)に加えて，それぞれの間をとり(FとBB)，5段階に分けることが多い．このようにして日齢を判断しながら標識再捕獲調査で調べられた成虫時代の平均寿命は，アゲハチョウの仲間で2-3週間と推定されている．また，モンシロチョウ類でも2週間程度，オオカバマダラで1カ月位，ドクチョウで半年という記録がある．

　チョウの成虫の生存曲線は，羽化後しばらくの間は死亡率が低く，日齢が進むにつれて高くなるという晩死型のような死亡過程を示している．一般にチョウの飛翔は気流(風)に影響を受けるので，もし鳥が飛翔中の個体を狙っても，自分自身の羽ばたきによって生じる気流がチョウの飛翔進路を思いもよらぬ方向へ変化させてしまい，うまく捕獲することは難しい．しかも，大型のチョウの大きな翅は少々傷つけられても行動に影響がないので，寝込みを襲われ翅にビークマーク(鳥の嘴型)を付けられても，ほとんどのチョウは活発に飛び回れる．また，クモの網にかかっても，鱗粉や翅の一部を犠牲にすれば脱出できる場合も多いにちがいない．これらの習性は，鱗粉が豊富で翅がしなやかな日齢の若い個体であればあるほど有利なため，初期死亡率が低くなったと考えられている．老齢になると，翅が乾燥してしなやかさが失われるため，ひらひら飛ぶよりも，直線的に飛ぶ傾向が強くなってくる．したがって，鳥はチョウの飛翔方向を予測しやすくなって捕食効率は上昇するであろうし，クモの網にかかった鱗粉の少ないチョウは絡め取られてしまう．なお，トンボ類やカマキリ類，ムシヒキアブ類，トカゲ類なども成虫の捕食者として記録されている．

　チョウと比べてトンボの成虫は，羽化後，体色の著しい変化を示すのが特徴

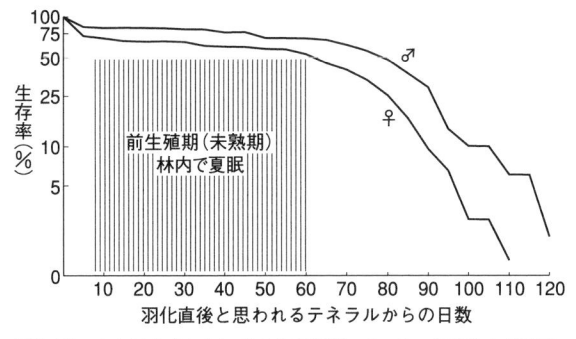

図 3-15 オオアオイトトンボの生存曲線.Cordero(2006)より改変.

で,これを主たる指標として,個体の日齢は推定されている.すなわち,羽化直後の個体は,灰色や黄土色の体色で体が柔らかく,テネラルと呼ばれている(T).この体色の時期は1日程度にすぎない.処女飛翔を始める頃には,その種本来の体色に移行を始めるが,体は柔らかく,翅もみずみずしい(I).水域から離れて定着した後,体が硬くなり(II),鮮やかな体色になった頃(P),水域へと戻ってくる.ここまでの4段階では,雌雄とも繁殖行動は示さないので,前繁殖期(あるいは未成熟期)という.水域で繁殖活動を開始する個体は,成熟したばかりの個体(M)と色褪せた体色で翅もボロボロになった個体(MMM),その中間(MM)の3段階に分けられる.これらを繁殖期(あるいは成熟期)という.したがって,トンボの成虫の日齢は7段階に分けられるのが普通である.

トンボのテネラルは,飛び方が弱々しく,鳥たちの格好の餌となっている.そのためか,多くのトンボの羽化は夜明け前に始まり,鳥たちの活動する頃までには,体をある程度硬くして,飛び立つことができる.しかし,夏の日の出前の黎明期には,都市公園の噴水池で羽化するタイリクアカネの捕食を目的に,たくさんのツバメがやってくるという.また,羽化当日のテネラルの個体は,クモの網に引っかかったり,他種のトンボに襲われたりすることも多く,死亡率は比較的高い.これらの危険を無事にやり過ごし,処女飛翔を終えて,樹林などに定着した成虫の死亡率は低く,その後の死亡過程はチョウと同様の晩死型を示すと考えられている.

(5) 基本要因分析

確かに,1枚の生命表からだけでも,卵から羽化するまでの幼虫時代の死亡

図3-16 ヒメシロチョウの一種 Leptidea sinapis に対するヴァーレイとグラッドウェルの基本要因分析.全体の生存率を成虫数／卵数とすると,成虫数／卵数＝(成虫数／蛹数)×(蛹数／幼虫数)×(幼虫数／卵数)となる.ここで両辺を対数にとりたいのだが,そうすると,両辺ともにマイナスの値をとることになってしまう(log 成虫数は必ず log 卵数よりも小さい).そこで,両辺の分子と分母を逆にして(両辺に-1 をかけて,生存率の逆数にする),死亡率の指数にするのである.したがって,log 卵数-log 成虫数＝(log 蛹数-log 成虫数)＋(log 幼虫数-log 蛹数)＋(log 卵数-log 幼虫数)となる.ここで,log 卵数-log 成虫数＝K,右辺の括弧内をそれぞれ k_1, k_2, k_3……とおくと,$K = k_1 + k_2 + k_3 + \cdots$ となる.このようにしてから経時的な K の変化を折れ線で描いて,それと対応した変化を示す k_i を基本要因と判定する.Dennis(1992)より改変.

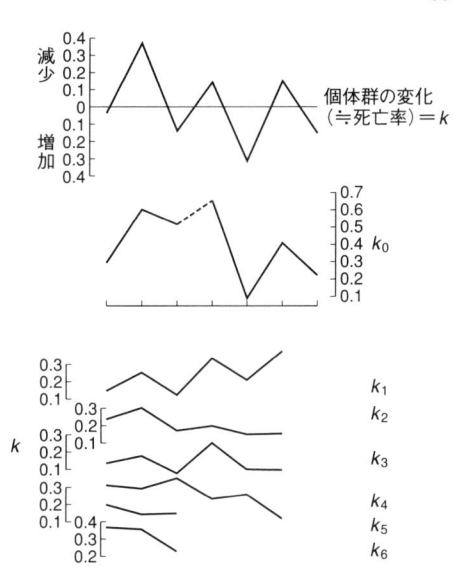

過程の特徴を把握することは可能かもしれない.もし種特異的な捕食者が特定の齢期の死亡要因として観察されていれば,幼虫の死亡過程はその捕食圧の強さに左右されていると推定できる.しかし,ほとんどの捕食者は種特異的ではないため,捕食は偶発的要素が強く,時と場合によって幼虫が捕食される割合は異なっている可能性が高い.

一般に,寄生蜂が幼虫や蛹から脱出するときを除いて,ほとんどすべての捕食者は幼虫のいくつかの発育段階にわたって攻撃を加えている.そうはいっても,もしある要因が特定の発育段階に他の発育段階のときよりもはるかに特異的に働けば,羽化数は常にその発育段階の生存数で大枠として決まってしまうにちがいない.すなわち,その死亡要因がその種の個体群動態に重要な意味をもって関与してくると考えるのである.このような詳しい個体群動態やその維持制御方法を解析するためには,何年にもわたった生命表データを蓄積して,統計的に解析しなければならない.

1950年頃までに,カナダやヨーロッパにおいて,林業害虫の個体数変動のデータが蓄積されてきた.特にカナダの林業では,オランダニレ病の被害を受けて,媒介昆虫であるキクイムシや各種鱗翅目害虫の個体群密度の測定と生命表作成が繰り返されている.これらのデータを用いて,数の変動の主要因やそ

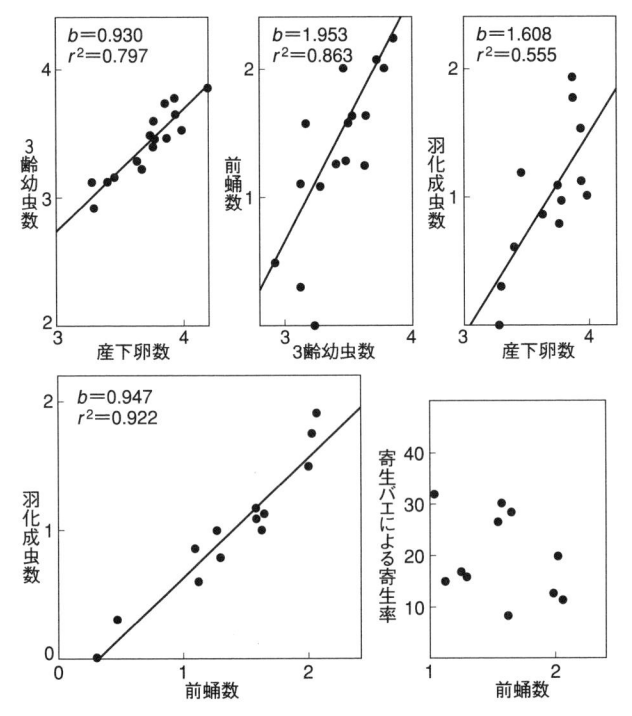

図 3-17 アメリカシロヒトリが都市部で大発生しつつあるときに作られた生命表を元にした基本要因分析. 各点はさまざまな調査地を示す. 回帰直線の傾き(b)が 1 より大きかったのは, 3 齢幼虫数と前蛹数の関係と, 産下卵数と羽化成虫数の関係である. したがって, 全体として密度逆依存の死亡要因が働き, 特に 3 齢幼虫期以降にそれが顕著であることがわかる. Ito et al.(1969) より改変.

の調節過程の強さの程度，密度に関係する要因などを調べる方法が，ヴァーレイ(G. C. Varley)とグラッドウェル(G. R. Gradwell)やモリス(R. F. Morris)によって提案されてきた．どちらも**基本要因分析**と名付けられているが，両者で目的は異なっている．前者の方法は，卵から成虫が羽化するまでの総死亡率の世代変化(年変化でも良い)を各発育段階の死亡率の世代変化と比較し，同じような変化を示す発育段階のことを「総死亡率の変化を大きく規定している変動の主要因」と推定する方法である．

後者の方法は，連続する世代の同一発育段階の個体数同士や，連続する発育段階の個体数同士を両対数グラフにプロットした散布図を作り，個体群動態の密度依存性を探るものである．この結果は直線関係として回帰分析を行なうの

が普通である．このときの回帰直線の傾き（回帰係数）は，1より小さいときを密度依存的な死亡過程が生じているとし，1のときは密度独立的，1を超えた場合を密度逆依存的過程という．すなわち，この基本要因分析は個体数の調節の要因を探る方法なのである．現実に地球上に存在するほとんどすべての種は他の生物と「食う-食われる」という相互関係をもちながら生活しているので，どのようなデータを用いても回帰係数は1より小さくなってしまう．しかし侵入昆虫のような場合は密度制御機構が働かず，爆発的に個体数が増加するときがあり，このときの回帰係数は1を超え，これを**天敵からのエスケープ**と呼び，アメリカシロヒトリで詳しく研究された（図3-17）．大発生のような極端な個体数変動を示さないチョウの場合，回帰係数は1より常に小さいと考えられている．

基本要因分析は，原則として何枚もの生命表や何世代にもわたる個体数変化のデータ，あるいは何カ所もの生息地におけるデータがなくては行なえない分析である．もちろん，これらのデータは，方法論的にも統計的解析にも充分に耐えられるものでなければならない．このように考えると，一定の生息地における長期間にわたった個体数のデータのほとんどないチョウやトンボでは，基本要因分析を行なうことは難しいといえる．ただし，チョウに関しては，幼虫時代の生命表が比較的多く作られている種（ナミアゲハなど）について試みられている．

(6) 捕食-被捕食系

動物は他の生き物を捕食することによって自らの体を維持し，自らの子孫を残すための栄養とエネルギーを得ている．このとき，食う者を捕食者，食われる者を被食者という．このような「食う-食われる」の関係を**捕食-被捕食系**といい，さまざまな種間相互作用が観察されてきた．

エルトン以来の「カワリウサギ-オオヤマネコ」といった捕食者と被食者の現実の個体同士では，被食者がうまく逃げおおせるか，食われてしまうという，どちらに転んでも一方的な関係になってしまう．その結果として，うまく捕食者から逃れられる行動的形態的生理的な術をもった被食者の子孫が生き残り，うまく被食者を手に入れられる行動的形態的生理的な術をもった捕食者の子孫が生き残ってきた．個体レベルにおけるこのような矛と盾の軍拡競争を，生物

学では相互進化という．

　個体群レベルにおける捕食-被捕食系の関係はさらに複雑である．そもそも捕食者は，種特異的な捕食者でない限り，極端に密度の低くなった被食者を無理して探し出して襲うことはない．野外では隠れ場所も多いので，密度の低くなった被食者を探し出すことは困難である．それにこだわって飢えてしまい，体力を消耗する危険を増すよりも，次善の味ではあっても，捕りやすい餌を捕って，飢えを凌いだ方が良い．その結果，捕食者と被食者との間に一定の周期をもった密度変動の生じることがある．この変動は，実験的にも示されてきた．たとえば，オレンジを食べるコウノシロハダニとこれを捕食するカブリダニの一種を同じ飼育容器に入れておくと，やがてカブリダニがコウノシロハダニを食べ尽くし，捕食者も餌がなくなるので，両者ともに滅びてしまう．しかし容器内にコウノシロハダニしか入れない隠れ場所を作ってやると，定員オーバーで隠れ場所に入れなかったコウノシロハダニだけがカブリダニに捕食されることになる．定員オーバーのコウノシロハダニを食べ尽くしたカブリダニは，餌不足となるので個体数が減少し，捕食者が減少した結果コウノシロハダニは増加して再び定員オーバーとなって隠れ場所からあふれ出し，それをカブリダニが捕食して個体数を増加させていく．このようにして，両者の個体群密度は一定のずれをもって周期的に変動するのである．野外においては，寄生者とその宿主の関係も，捕食-被捕食系と同様の個体数変動を示すことが多い．

　チョウやトンボの個体群レベルにおける捕食-被捕食系の研究はほとんどない．むしろ，多くのチョウでは，一生を通じて被食者の立場となっているので，個体レベルにおいてはさまざまな防御機構を発達させてきたことが明らかになっている．しかし，一つの地域個体群の生息場所の範囲が広く，主たる捕食者が特定できないことなどは，この系の解析をさらに困難にしてきた．一生を捕食者として過ごすトンボも，室内における幼虫の捕食習性や行動が観察されても，野外での系の解析は行なわれていない．

3.2 個体数の推定

(1) 逐次抽出法

　ある特定の場所に住んでいる生き物の数を調べるのに手っ取り早い方法は，とにかく見落としなくすべてを数えれば良い．これを直接法という．確かにこの方法は，一見すると，植物や固着性の動物にとっては有効である．しかしその生息場所が広くなればなるほど，見落としなくすべて数えるためには，手間と労力がかかり，実際的ではないだろう．結果の信頼性にも疑問が生じてくる．そもそも生息場所の境界を1本の線で決めて割り切れるのは，田畑などの人工的な場所を除いてはほとんどない．したがって，野外の生物の数を調べるには間接法しか手がないといえる．すなわち，一様と思われる生息地の中から，部

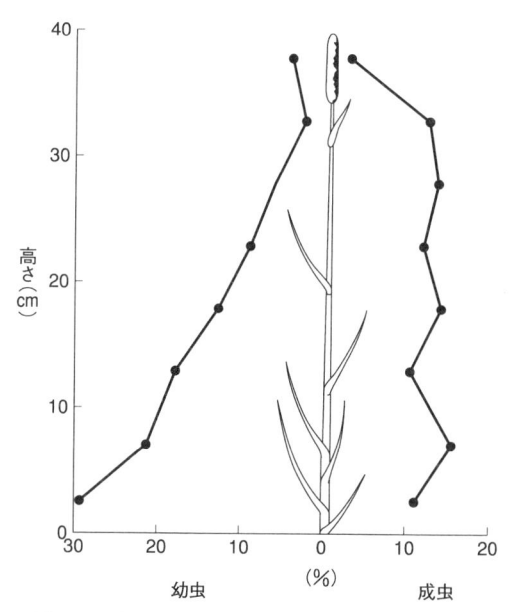

図3-18　ウンカの一種 *Javesella pellucida* の幼虫（4齢と5齢）と成虫が生息するチモシーの部位．成虫はチモシーのどの高さでもまんべんなく見られるが，幼虫は根元付近に多いことがわかる．Southwood & Henderson (2000) より改変．

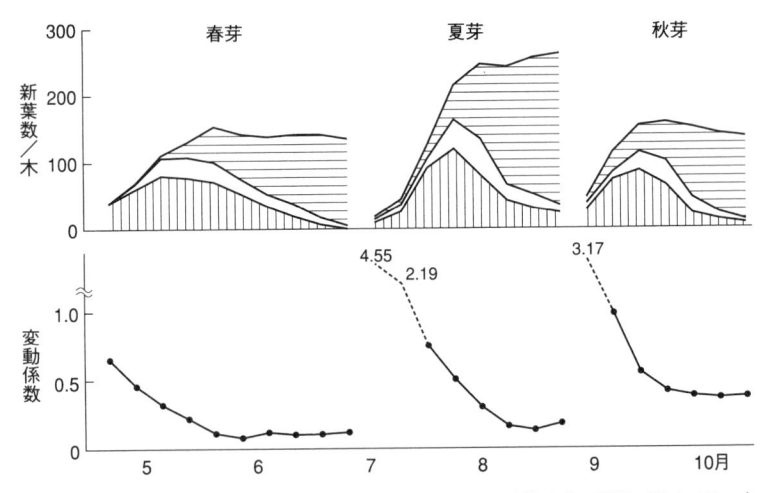

図3-19 九州のミカン園における木あたり新葉の展開数と季節変化．縦線が長さ15 mm未満の展開を始めた葉，白抜きが15-30 mmまでの新葉，横線が30 mmを超えて大きくなった新葉を示す．下の折れ線グラフは，木あたり新葉数の変動係数．ミカンは年3回新葉を展開し，それぞれの展開時期のはじめは変動係数が高くなっている．すなわち，初期の新葉の展開数は木ごとにばらつきが大きいといえ，これはアゲハ類にとっての好適な産卵対象が，一様と見えるミカン園においても，一様に分布してはいないことを意味している．鈴木ほか(1976)より改変．

分的に取り出して，その中の個体数を数えて全体を推定するのである．この方法は，取り出した部分の中は「とにかく見落としなく数える」ことになるため，直接法を含んでいる．そのため，取り出したそれぞれの部分の中の生き物が，植物や固着生物のように動かなければ良いものの，活発に動く動物ではお手上げとなってしまう．

　寄主植物上からほとんど動かないチョウの卵・幼虫期は，一般に一つの植物群落内で完結するので，間接法を用いることのできる場合がある．たとえば，キャベツ畑のモンシロチョウの幼虫を数えるとき，キャベツをいくつかサンプリングして，平均幼虫数と畑全体のキャベツの数を掛け算して個体数を推定すれば良い．したがって野外でも，一様と思われる生息地に一定面積の方形枠をいくつもランダムに配置して，それぞれの中で卵や幼虫を数え，案分比例して全体を推定することになる．あるいはその生息地にラインないしベルトを引いて面積を測定し，その中にいた個体数から総個体数を計算するのである．これを逐次抽出法という．この方法は，一様と思われる生息地を実際に目で確かめられる利点があるとはいえ，無意識的にさまざまな前提条件をもっている．す

なわち,調査対象の生息地では同じような大きさの寄主植物が一様に分布していなければならず,調査対象生物はそれらの寄主植物上にランダムに分布していなければならない.しかし,チョウの卵が産下される部位は寄主植物の新芽や新梢,展開中の葉などに限られるのが普通であり,幼虫の餌として好適な質をもつ葉が寄主植物全体にあるわけではないので,寄主植物が一様に分布していたとしても,卵や幼虫の生息可能な場所は偏っているのが普通である(図3-19).また,サンプリングはランダムに行なわれなければならないが,寄主植物が高木であったときなどは,取りやすいところからサンプリングしがちなのは人情であろう.そのため,逐次抽出法によりチョウの卵や幼虫の個体数を推定することは,特殊な場合を除いては難しい.また,サンプリングはその周囲の個体の行動に影響を与えないことが前提であるが,生息地のど真ん中で行なうためには,その場へズカズカと分け入っていかねばならないはずである.これらのことは,成虫期のチョウの個体数推定に逐次抽出法が全く適用できないことを意味している.

　トンボの個体数の調査も,チョウと同様に,幼虫期において逐次抽出法の用いられる場合があるが,チョウの幼虫の場合よりも逐次抽出法は適用しやすい.すなわち,水深が浅めの止水(池や沼)の場合,幼虫の生活場所は平面的で,底の土質と腐植物の堆積状態などに依存しているので,一様と思われる生息場所がある程度拡がっているからである.このような場所を狙って一定面積の方形枠をランダムに配置し,幼虫を採集して総個体数を推定した報告は多い.しかし多くの均翅亜目の場合,幼虫が水生植物や抽水植物の茎や葉に静止しているので,生息場所は三次元の空間となり,生息可能な場所が一様ではなくなってしまい,この方法の適用は難しくなる.したがって,トンボの幼虫に対する逐次抽出法の適用は,特別な生活史をもった種や生息場所に限られるといえよう.なお,トンボの成虫に対する逐次抽出法も,チョウと同様の理由で適用が難しい.

(2) 標識再捕獲法の理論

　野外における昆虫類の成虫の個体数を推定するには,今のところ,標識再捕獲法が唯一の方法となっている.1930年代のイギリスにおいて,草地に生息するシジミチョウなどの総個体数を推定するために行なわれた標識再捕獲調査

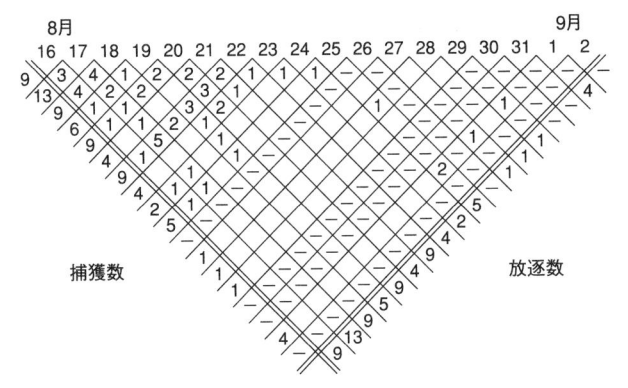

図3-20 ジャノメチョウの一種 Maniola jurtina に対して行なった標識再捕獲の結果の三角格子法解析．上が調査日で，それぞれの日から斜め左と斜め右に辿っていくと，行き着いたところが，それぞれ総捕獲数と総放逐数となる．まず8月16日は9頭が捕獲され9頭が放逐された．翌17日，13頭が新しく捕獲され，前日の放逐個体のうちの3頭が再捕獲された．新たに捕獲・放逐した13頭は，その後，18日に4頭，19日に2頭，20日に1頭，21日に1頭，22日に5頭，23日に0頭，24日に1頭，25日に1頭が再捕獲されている．なお，-は調査しなかった日を示す．この結果，8月18日から25日までにそれぞれ新たに捕獲された個体数(9＋6＋9＋4＋9＋4＋2＋5＝48)と，17日に放逐した13頭，それらの各調査日における再捕獲数の合計(4＋2＋1＋1＋5＋0＋1＋1＝15)を用いて，(48×13)／15＝41頭，が推定値となる．この方法は，イギリスのチョウの研究者に人気があった．Dowdeswell(1981)より作成．

で，結果を解析するために開発された三角格子法という方法はジョリー・セーバー(Jolly-Seber)法が提案されるまでの間，野外個体群の個体数推定方法の定番の一つとなっていた．

標識再捕獲法の原理は，大きな壺の中に入っているビー玉の数をすべて取り出すことなく推定する方法と変わらない．すなわち，壺に手を入れてひとつかみのビー玉を取り出し，印を付けて壺へ戻し，その壺をよく振ってから，再び手を入れてビー玉をひとつかみ取り出して，印のあるビー玉と無印のビー玉の数から案分比例して壺の中の数を計算するのである．これを野外の動物の調査に当てはめて表現すれば，時刻 i において，個体群中の一部の個体に標識を施して放逐し(n_i頭)，ある時間が経ってから，再び個体群から一定の数を捕獲し(n_{i+1}頭)，その中に含まれていた標識されている個体数(m_{i+1}頭)の割合から，個体群の総数(N)を推定する，となる．式にすれば

Box-1 Jolly-Seber 法と Manly-Parr 法の計算例

イングランド南部の草地に生息していたバッタの標識再捕獲調査（Blower *et al.*, 1981）のデータを用いて，Jolly-Seber 法と Manly-Parr 法で個体数や生存率を推定し，比較してみよう．各調査日ごとで標識を変えたり，個体識別の標識を施して，調査データは以下のようにまとめられている．

調査回	捕獲・放逐数	新規捕獲数	再捕獲数の内訳				
			①で標識	②で標識	③で標識	④で標識	⑤で標識
①	20	20	—	—	—	—	—
②	33	28	5	—	—	—	—
③	26	9	5	12	—	—	—
④	28	12	4	10	2	—	—
⑤	21	8	2	8	0	3	—
⑥	29	12	1	7	1	5	3

Jolly-Seber 法の場合，基礎となっているのは Petersen 法なので，前回の調査で放逐され次の調査回で続いて再捕獲された個体の数が必要となる．これを R_i とする．i は調査回を表わす．とはいえ，放逐した次の回ではなく，何回か後で再捕獲される個体もあるだろう．各調査回におけるそのような個体の和を Z_i とする．R_i は再捕獲のデータから丹念に拾って計算することになり，上記のデータから以下のようになったとする．

調査回	捕獲・放逐数 $= n_i$	続けて再捕獲された数				
		①で標識	②で標識	③で標識	④で標識	⑤で標識
①	20	—	—	—	—	—
②	33	5	—	—	—	—
③	26	5	12	—	—	—
④	28	1	6	9	—	—
⑤	21	0	6	1	6	—
⑥	29	0	3	2	7	5
R_i		11	27	12	13	5

R_i は縦の合計値となる．次に，この表の内部の値を横に累積した表を作成する．累積した合計値を m_i とすると（図の太線内），m_i を省いた縦の合計値が Z_i となる（たとえば，⑤の横は，0，0 + 6 = 6，0 + 6 + 1 = 7，0 + 6 + 1 + 6 = 13 となる）．

調査回					
②	5				
③	5	17			
④	1	7	16		
⑤	0	6	7	13	
⑥	0	3	5	12	17
$Z_i + 1$	6	16	12	12	—

推定個体数 N_i は, $N_i = n_i \cdot M_i / m_i$ で, $M_i = (Z_i \cdot n_i / R_i) + m_i$ だから, ①の個体数は推定できず, ②の回からとなる.

②は $M_2 = (6 \times 33 / 27) + 5 = 12.33$, $\quad N_2 = 33 \times 12.33 / 5 = 81$

③は $M_3 = (16 \times 26 / 12) + 17 = 51.66$, $\quad N_3 = 26 \times 51.66 / 17 = 79$

④は $M_4 = (12 \times 28 / 13) + 16 = 41.85$, $\quad N_4 = 28 \times 41.85 / 16 = 73$

⑤は $M_5 = (12 \times 21 / 5) + 13 = 63.40$, $\quad N_5 = 21 \times 63.40 / 13 = 102$

⑥は計算できない, となる.

調査回ごとの生存率 ϕ_i は, $\phi_i = M_{i+1} / (M_i - m_i + n_i)$ から,

①から②までの生存率 $\phi_1 = 12.33 / (0 - 0 + 20) = 0.617$

②から③までの生存率 $\phi_2 = 51.66 / (12.33 - 5 + 33) = 1.281$

③から④までの生存率 $\phi_3 = 41.85 / (51.66 - 17 + 26) = 0.690$

④から⑤までの生存率 $\phi_4 = 63.40 / (41.85 - 16 + 28) = 1.177$

⑤から⑥までの生存率は計算できない, となる.

同様に加入数 B_i は, $B_i = N_i - (N_{i-1} \times \phi_i)$ から,

①から②までの加入数は計算できない

②から③までの加入数 $B_2 = 79.0 - (81 \times 1.281) = -24.8$

③から④までの加入数 $B_3 = 73.2 - (79 \times 0.690) = 18.7$

④から⑤までの加入数 $B_4 = 102.4 - (73.2 \times 1.177) = 16.2$

となる.

ここで各推定値に対する分数は

$$\mathrm{var}(\hat{N}_i) = \hat{N}_i(\hat{N}_i - n_i)\left[\frac{\hat{M}_i - m_i + n_i}{\hat{M}_i}\left(\frac{1}{R_i} - \frac{1}{n_i}\right) + \frac{1 - \frac{m_i}{n_i}}{m_i}\right] + \hat{N}_i - \sum_{j=0}^{i=1}\frac{\hat{N}_i^2(J)}{\hat{B}_J}$$

$$\mathrm{var}(\hat{\phi}_i) = \phi_i^2\left[\frac{(\hat{M}_{i+1} - m_{i+1})(\hat{M}_{i+1} - m_{i+1} + n_{i+1})}{\hat{M}_{i+1}^2}\left(\frac{1}{R_{i+1}} - \frac{1}{n_{i+1}}\right)\right.$$
$$\left. + \frac{\hat{M}_i - m_i}{\hat{M}_i - m_i + n_i}\left(\frac{1}{R_i} - \frac{1}{n_i}\right) + \frac{1 - \phi_i}{\hat{M}_{i+1}}\right]$$

$$\mathrm{var}(\hat{B}_i) = \frac{\hat{B}_i^2(\hat{M}_{i+1} - m_{i+1})(\hat{M}_{i+1} - m_{i+1} + n_{i+1})}{\hat{M}_{i+1}^2}\left(\frac{1}{R_{i+1}} - \frac{1}{n_{i+1}}\right)$$

$$+ \frac{\hat{M}_i - m_i}{\hat{M}_i - m_i + n_i} \left[\frac{\phi_i n_i (1 - \frac{m_i}{n_i})}{a_i} \right]^2 \left(\frac{1}{R_i} - \frac{1}{n_i} \right)$$

$$+ \frac{[(\hat{N}_i - n_i)(\hat{N}_{i+1} - \hat{B}_i)](1 - \frac{m_i}{n_i})(1 - \phi_i)}{\hat{M}_i - m_i + n_i}$$

$$+ \hat{N}_{i+1}(\hat{N}_{i+1} - n_{i+1}) \frac{1 - \frac{m_i}{n_{i+1}}}{m_{i+1}} + \phi_i^2 \hat{N}_i (\hat{N}_i - n_i) \frac{1 - \frac{m_i}{n_i}}{m_i}$$

となる.

　同じデータを Manly-Parr 法で計算してみよう. この方法では, i 回目の調査で再捕獲されなかったものの, その後の調査では再捕獲されている個体の数(Z_i)と, i 回目の調査で再捕獲された個体のうちで, それ以前と以後に少なくとも1回ずつは捕獲されている個体の数(Y_i)を求めることになる. たとえば, 以下のような表ができたとき,

個体番号	①	②	③	④	⑤	⑥
…	…	…	…	…	…	…
4	捕獲放逐	再捕獲	―	再捕獲	―	再捕獲
5	捕獲放逐	再捕獲	―	―	再捕獲	―
6	捕獲放逐	―	―	―	―	―
…	…	…	…	…	…	…

4番から6番までの3個体のうちで, Z_4 は5番の個体を Y_4 は4番の個体を指す. このようにして, 数えた結果を以下の表のように作ると,

調査回	①	②	③	④	⑤	⑥
捕獲・放逐数(n_i)	20	33	26	28	21	29
Y_i	―	1	9	6	2	―
Z_i	―	6	16	12	12	―
前回放逐したうちの再捕獲数(r_i)	5	12	9	6	5	―

　推定個体数 N_i は, $N_i = n_i / SF_i$ で, $SF_i = Y_i / (Y_i + Z_i)$ だから, ①の個体数は推定できず, ②のときからとなる.

②は　　$SF_2 = 1/7$,　　$N_2 = 33 \times 7 / 1 = 231$
③は　　$SF_3 = 9/25$,　　$N_3 = 26 \times 25 / 9 = 72$
④は　　$SF_4 = 6/18$,　　$N_4 = 28 \times 18 / 6 = 84$
⑤は　　$SF_5 = 2/14$,　　$N_5 = 21 \times 14 / 2 = 147$

⑥は計算できない, となる.

　調査回ごとの生存率 ϕ_i は, $\phi_i = r_i / (n_i \cdot SF_{i+1})$ から,
①から②までの生存率 $\phi_1 = 5/20 \times 7/1 = 1.750$

②から③までの生存率 ϕ_2 = 12/33 × 25/9 = 1.010
③から④までの生存率 ϕ_3 = 9/26 × 18/6 = 1.038
④から⑤までの生存率 ϕ_4 = 6/28 × 14/2 = 1.500
⑤から⑥までの生存率は計算できない，となる．

同様に加入数 B_i は，$B_i = N_i - (N_{i-1} \times \phi_i)$ から，
①から②までの加入数は計算できない
②から③までの加入数 B_2 = 72 - (231 × 1.010) = -161
③から④までの加入数 B_3 = 84 - (72 × 1.038) = 9
④から⑤までの加入数 B_4 = 147 - (84 × 1.500) = 21
となる．

　一般に野外で行なった標識再捕獲調査の場合，調査初期の推定値と調査終了項の推定値は分散が大きくなることが多い．前者では，調査初日の標識率が相対的に低くなってしまうからであり，後者では，移出入が相対的に高くなったり，調査対象種の生態学的寿命が異なってきたりするからである．したがって，ここに示した例でも，①や②，⑤，⑥よりも③と④の推定値の方が現実を反映している値といえ，それぞれの分散も小さい．また，この2回分では，Manly-Parr法とJolly-Seber法の推定値がほぼ一致している．この結果，近年，(特に分散の計算において)複雑な計算をせずにすむManly-Parr法を用いる解析が多くなってきた．しかし，この方法はJolly-Seber法よりも「本当はその生息地にいたけれども捕まらなかった個体の数」を重視したモデルのため，チョウの成虫のように調査地内外の移出入が大きい開放個体群や標識率の低いデータにおいて利用するのは不適当である．トンボの場合，縄張りなどをもって定住性の強い水辺の局所個体群では，標識率を上げやすいので，Manly-Parr法を採用しても不都合のない場合が多い．川沿いで縄張りをはるカワトンボや，隔離された生息地におけるヒヌマイトトンボなどでの研究例が報告されている．

　6回行なった標識再捕獲調査で，現実を反映していると思われる推定値が③と④の2回分しかとれないとすると，実際の標識再捕獲調査にはかなりの長期戦を覚悟すべきであろう．しかし，長期間の調査となればなるほど，標識のはく離や調査個体の加齢など，考慮しなければならない要因が増加してくる．標識率を上げようとして調査間隔を短くすれば，次の調査回までに標識個体が未標識個体と充分に混じり合わなかったり，捕獲された頻度の高い個体が弱りやすくなったりして，標識再捕獲法の基礎的な前提条件を満たさなくなってしまうかもしれない．したがって，いずれにしても，充分な生活史戦略の調査・観察を行なってから，標識再捕獲調査の具体的な手順を計画することが必要である．

$$N_1 = \frac{n_1 n_2}{m_2}$$

と書ける．これをペテルセン（Petersen）法，あるいはリンカン（Lincoln）法という．ここで注意すべきは，一連の作業の結果，時刻 i の個体数が**さかのぼって**推定されることである．

　壺の中のビー玉を数える方法をしっかりと吟味すると，この標識再捕獲法を野外の動物に適用するための前提条件は思いのほか多いことがわかる．まず，ビー玉はすべて同じ大きさやかたちでなければならない．すなわち，標識個体と未標識個体の間で，体格に違いはなく，捕獲率や死亡率にも差のないことが必須である．調査中に大きな個体数変化のないことも望ましい．壺をよく振って印付きと無印のビー玉と混ぜるということは，再捕するときまでの一定時間の経過の間に，放逐された個体がその個体群の中で未標識個体と完全に混じり合わねばならないことを意味している．したがって，標識個体の移動・定着をはじめとするさまざまな行動は未標識個体と同じでなければならない．もちろん，調査期間中に標識が脱落してはならない．

　このような前提条件をもった方法を野外の開放個体群に適用することは難しい．ペテルセン法は，後に，チャップマン（Chapman）やバイリー（Bailey）によって修正された．前者は小標本法に対応し，後者は二項分布近似を基礎としている．しかし野外の開放個体群では，毎日のように加入や消失がある．ジャクソン（Jackson）は正と負の方法を提案し，ツェツェバエなどの個体数を推定した．イカロスルリシジミに最初に適用された三角格子法も，加入や消失を考慮した方法である．これらの方法はいずれも，標識–放逐–再捕獲を繰り返すことで，推定値の精度を上げようとしてきた．マンリー・アンド・パー（Manly & Parr）法は，この繰り返しの期間中に連続して再捕獲できなかった個体が，生息地から移出した後に戻ってきたのではなく，単に生息地内で見つけられなかったにすぎないということを重視して個体数を推定する決定論モデルである．一方，ジョリー・セーバー法は，個体の生存確率を推定してから個体数を推定する確率論モデルである．いずれにしても，野外個体群に対する標識再捕獲法では，何回も標識と再捕獲を繰り返さねば，満足のいくデータを得られないのが現状といえよう．しかしそうすると，「調査期間中に個体数の大きな変化はない」という前提の崩れる可能性が高くなってくる．

一般的な標識再捕獲法の前提条件に加えて，チョウやトンボの場合は，かなり高い再捕獲率を得ねばならないだけでなく，羽化期が斉一でないことを考慮しなければならない．また，比較的寿命が長いために，世代の重なりを考慮せねばならない種もある．したがって，標識再捕獲調査を行なうときには，単に捕獲した個体に標識を施すだけではなく，その個体の羽化後の日齢を推定しておく必要がある．このようにして計算されたチョウの成虫の日あたり個体数は，黒色系アゲハ類やエゾシロチョウ，モンシロチョウ，モンキチョウ，ヒョウモンモドキの仲間など数多く報告されてきた．

　残念ながら，トンボの成虫に関する個体群動態の研究はチョウよりはるかに遅れている．ほとんどの種が処女飛翔により，羽化後，せいぜい2日齢頃までには水辺から離れてしまうからであった．この時期の成虫は，体が柔らかいので標識は難しい．そもそも不注意に翅を手で持てば，指紋が付いたり，左右の翅がくっついて開かなくなってしまったりする．このようなトンボは，すぐに弱って，死んでしまう．トンボ研究の大御所であるコーベット（P. Corbet）は，そんなヤワなトンボに無理やり標識してみたらしい．トンボを傷つけないようにどの程度うまく標識できたものだろうか．繁殖期になって，標識を施した個体は1頭も水辺へ戻ってこなかったそうである．したがって，熟練者でない限り，トンボに標識を付けようとすれば，齢が進み，大型で頑丈な体をもつトンボでなければうまくいかない．また，ある程度たくさん捕獲できて，たくさん再捕獲できなければデータにはならないので，これまでの標識再捕獲の研究は，繁殖期で水辺に定住しがちな種しか行なわれなかった．いいかえると，トンボの成虫の全生涯にわたった個体群動態の研究はほとんどなかったのであるが，この事実に気づかれないことは多い．

　なお，チョウやトンボで縄張りをもつ種の場合，雄は狭い範囲で一日中過ごすのに対し，雌は広い生活空間をもち，日中のほんの一時しか雄の縄張り近くに現われない．縄張り制をもたない種でも，雄は定住性が強く，雌は分散しがちという一般則はよく知られている．したがって，飛翔行動や生活空間の範囲，活動の日周期性などは雌雄で異なるといえ，標識再捕獲法の前提条件を考慮すれば，データ解析の際には，雌雄別々に解析しなければならないことはいうまでもない．

(3) 捕獲技術と放逐技術

　飛翔活動中のチョウやトンボの成虫を傷を付けずに捕獲するには，柔らかい素材で作られた捕虫網を用いるスウィーピングが一般的である．昆虫採集に関する各種の指南書には，成虫の示す飛翔行動にしたがって，網をかぶせたり，横に振ったり，後ろ斜め下方からすくい上げたりと，記載されている．それぞれの網の振り方は，成虫の行動特性をうまく利用した採集方法であり，これを援用した捕獲技術は必須である．ただし，1頭ずつを狙い打ちする昆虫採集ではなく，個体群レベルでの採集を行なうためには，常に一定の捕獲効率となるように努力することが必要となる．すなわち，理想的な網の振り方では捕獲できないような場所に静止している成虫でも，なりふりかまわずに網を振り回して捕獲しなければならない場合も生じてくる．そのような努力をしても捕獲に失敗するのが普通なので，チョウやトンボの標識再捕獲のための捕獲では，一定時間に一定の場所において，「発見したすべての成虫を捕獲する努力をする（あるいはした）」というのが一般的である．捕獲技術としてのスウィーピングは，それほど安定した方法とはいえないのである．

　各種のトラップは，捕獲間隔を任意に決定できるとともに，捕獲効率も相対的に一定にすることができる点で，スウィーピングよりも効率の良い場合があ

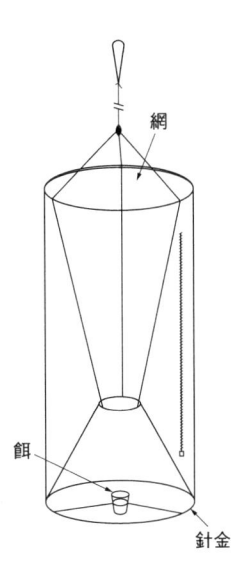

図3-21　チョウの成虫を捕獲するためのトラップ．バナナなどの餌をおき，吸汁したチョウが真上に飛び立つとトラップの中に入ってしまうように作ってある．普通，チョウは正の走光性をもつので，トラップの入口まで降りてきて外へと逃げ出すことはめったにない．Winter (2000) より改変.

る．バナナなどを用いたジャノメチョウやヒカゲチョウのトラップや，湿らせた土に吸水行動としておびき寄せてアゲハチョウやシロチョウの仲間を捕獲した例は多い．スウィーピングの場合，捕虫網の振り回し方によっては捕獲昆虫を傷つけてしまうが，トラップではこの危険性が低いので，対象とする種によっては頻繁に用いられてきた．しかし，これらのトラップに集まる成虫は，いったい，いつ，どの範囲から飛来したかの特定ができないことは，重要な問題である．

　標識再捕獲法の理論によれば，標識して放逐した個体は，一定時間の間に，元の個体群へと戻って，未標識個体(＝捕獲されなかった個体)と混じり合ってしまわなければならなかった．この意味は，野外で調査するときにしばしば忘れられている．たとえば，飛翔中のチョウやトンボの成虫を捕獲し，手に持って標識を施し，体長などを測定した後，無思慮に手を離せば，これらの成虫はいきなり舞い上がってしまう．彼らは捕獲されたことで興奮し，その場から逃げようと努力していたからである．上空にはたいてい風があるので，彼らはそれに乗って流されてしまい，元の個体群には戻らない．大型のチョウやトンボであればなおさらその傾向が強く，アゲハチョウの場合，不注意に放逐すると，一山越えて飛んでいってしまうことさえ稀ではない．しばしば，標識を施した個体が思わぬ遠方で捕獲され，大移動の証拠とされているが，その種本来のもつ強力な移動力の現われなのか，捕獲-標識-放逐という操作によって舞い上がり，上空の気流に流されてしまった結果なのか，比較検討された例はなかった．いずれにせよ，捕獲し標識した個体を，捕獲直前と同じような落ち着いた気分にさせて元の個体群に戻れるようにすることは，チョウやトンボを標識再捕獲法で調査するときの必須条件である．

　捕獲-標識によって高まった興奮を鎮めるためには，麻酔を使用しなければならない．軽く麻酔をかけた成虫を，それらを捕獲した場所近くの植物の上などに静置すると，徐々に麻酔から覚めて，本来の活動を行なうようになる．すなわち，元の個体群へと戻っていくことを意味し，その結果，一定時間経てば未標識個体と混じり合ってしまうだろうと期待するのである．

　これまで，チョウやトンボの成虫に対する麻酔として，二酸化炭素やドライアイス，冷却，エーテルなどが使用されてきた．いずれも少量で効果があるので，実際に使用するときは，事前に，麻酔のかけ方と回復の仕方について，実

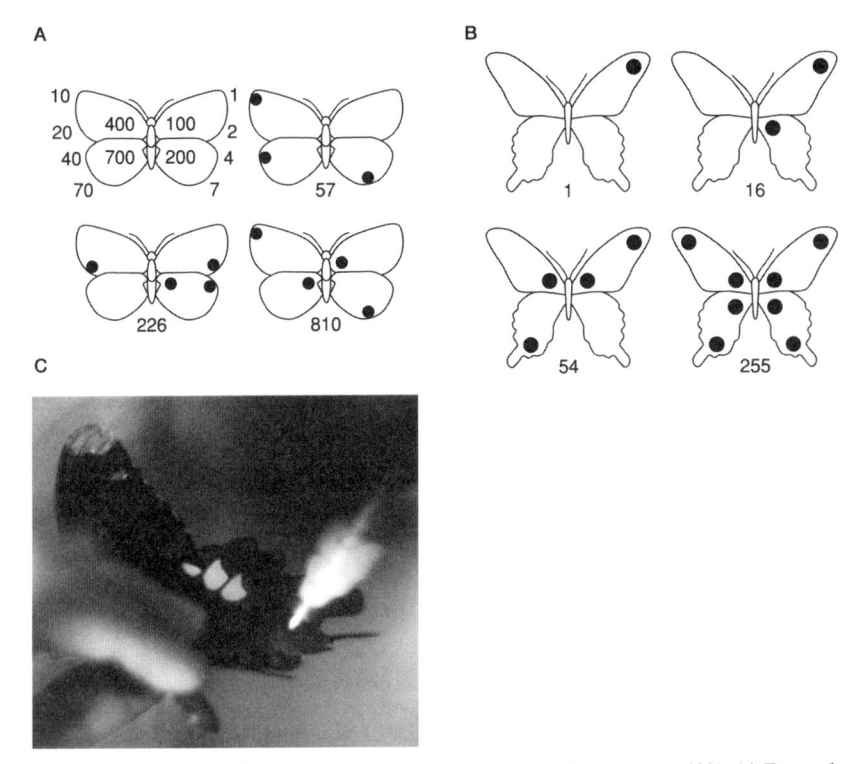

図 3-22 チョウの標識例.体の小さなチョウの場合,翅に番号を書いてしまうと鱗粉が大量にはげ落ちたり,標識を書くという作業自体で弱ったりしてしまう.そこで,翅のいろいろな場所に点を付けることにより,番号に換算して個体識別する研究例が欧米では多かった(A).Winter(2000)より改変.一見すると,この方法は標識作業の問題点を解決しているように見えるが,個体番号を読み取るためには,必ず捕獲し,翅を検査しなくてはならないため,チョウの体を手で持つことが多くなり,個体を弱める結果となってしまう.アゲハ類などの大型のチョウでは,この危険を避けるため,捕獲したチョウの翅にやや大きめのスポットを施し,放逐後は,再捕獲せずに,そのスポットを二進法として読んだ例がある(B).チョウがネットに入れられ,人の手に触れられるのは1回の捕獲のみとなるため,その後の飛翔行動などに対する影響も最小限に留めることができる.ただし,200頭を超えて個体識別するには,スポットの色を変えたりするだけでなく,飛翔中の個体の番号を瞬時に読み取る工夫が必要となる.モンキアゲハにホワイトインクでスポットを付しているところ(C).

験と観察を行なっておく必要がある.なお,捕獲したチョウやトンボに麻酔もかけられない最悪の状況のとき,成虫に息を強く吐きかけることで,麻酔と同様の効果を少しは得られる場合のあることを頭の片隅に入れておくと良いかもしれない.

図3-23 標識されたアサギマダラ.大型のチョウで,比較的鱗粉がはげにくい.このように明るい色の翅をもつ種の場合,番号だけでなく,いろいろなデータも書き込むことができる.濱田(2007)より.

図3-24 トンボの標識例(左)と個体識別番号を付したシオヤトンボ(右上)とアオハダトンボ(右下).多くのトンボは翅が透明なので,標識の色を変えれば,同時にさまざまな場所で標識再捕獲をしても,混乱することがない.均翅亜目の場合,ほとんどがパーチャー(静止して過ごすことの多い種)なので,一旦標識を付した後は捕獲せずに読み取ることを考慮して,標識の色や番号の向き,標識場所となる翅の面などを工夫すると良い.一方,不均翅亜目の多くはフライヤー(活動時間帯の大部分を飛翔して過ごす種)で,飛翔中に標識を読み取ることのできない種も多い.左:日本環境動物昆虫学会(2005)より改変.

(4) 標識技術

　個体に標識を施す場合，標識自体がその個体の行動に影響を与えないようにせねばならない．特に小型のチョウやトンボの成虫に標識する過程で個体に傷を付けたり，標識が重くて飛翔に支障が出たりしないようにするのは当然であるが，これを検討しないで調査した報告例は多い．なお，少なくとも調査期間中は脱落しない標識を事前に確定しておく必要がある．

　標識再捕獲法による個体数推定だけが目的の場合，再捕獲した個体は，標識を施し放逐したときの捕獲場所と捕獲日が特定できれば良いので，比較的簡単な標識でかまわない．そのときに何頭標識を施そうが同じ標識を用いれば良いからである．このような方法をグループマーキング法という．これまでに，ラッカーや油性ペン，マニキュアなどを用いて，簡単な印を付けることが多かったが，ウンカ・ヨコバイの仲間やミバエ等に対しては，スプレーや粉末色素，毛染め色素，特別な処理を施した餌，放射線などが用いられてきた．

　せっかく，野外で手間暇かけて標識再捕獲法を行なうなら，個体数や生存率，加入数などを推定するだけではもったいない．1個体ずつ異なる標識を施せば，個々の個体の移動や個体間の相互関係まで調べることができる．これを個体識別法という．そのためには，少々大きな個体ならタグを付けたりするが，チョウやトンボの成虫の場合は，油性のフェルトペンを用いて，番号や記号を翅に付すのが普通となってきた．特に現在はさまざまな色彩のペンが市販されているので，工夫次第で，同時に数カ所で行なう標識再捕獲における個体識別を簡単に行なうことができるだろう．哺乳類や両生類では，体の一部に穴を開けたり，指を切ったりすることもある．

　麻酔をかけられなかったり，通常の飛翔活動を攪乱せずに標識を施したかったりする場合には，ラッカーを入れた水鉄砲で狙い撃つという手もある．シオカラトンボのような中型以上の大きさのトンボで，パトロール飛翔や縄張り飛翔を行なう雄に対して有効で，ラッカーの付着状態をていねいに観察すれば，個体識別も可能である．ただしこの方法にはコツがあり，初心者には勧められない．

3.3 生息地の分布

(1) 生息環境の層別

　現在の地球上で見られるすべての生物は，その長い進化の過程において，さまざまに変動する環境に適応して，形態や習性を発達させながら生き残ってきた種といえる．地球上には，熱帯から寒帯，深海から高山まで，さまざまな無機的環境をもつ地域があり，生物はそれぞれの場所に適応して集団を作り，その場の環境と関わりをもちながら生活している．たとえば，東南アジアでは，高さが70 mにも達する熱帯雨林がさまざまな動物の生活空間を作り出し，その結果，動物の排出物や落葉落枝を分解する微生物まで含めると，数十万種もの多様な種が共存しているという．熱帯雨林の中に10 mを超える高さのポールを立てて，その間を吊り橋でつないだ「キャノピーウォークウェイ」を利用して調査することで，一生を樹冠部で過ごし地上には降りることのないシジミチョウやイトトンボの仲間も知られるようになってきた．一方，気温の低い亜寒帯では，ほんの数種からなる広大な針葉樹林の中に，コケ類やわずかの種類

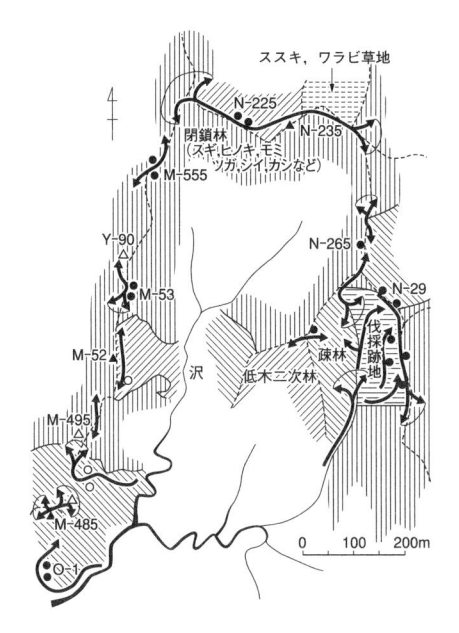

図3-25　千葉県の低山地帯において見られたアゲハ類の蝶道と植生景観．主要な寄主植物であるカラスザンショウは植物群落の境界やギャップに出現し，蝶道はそれらを辿るように形成されている．●はナミアゲハの産卵が確認されたカラスザンショウの位置，○は産卵の確認されなかったカラスザンショウの大木の位置を示す．▲はナミアゲハの産卵が確認されたサンショウで，概ね植物群落の境界付近に位置している．一方，△は産卵の確認されなかったサンショウで，閉鎖的な林内に生育している．

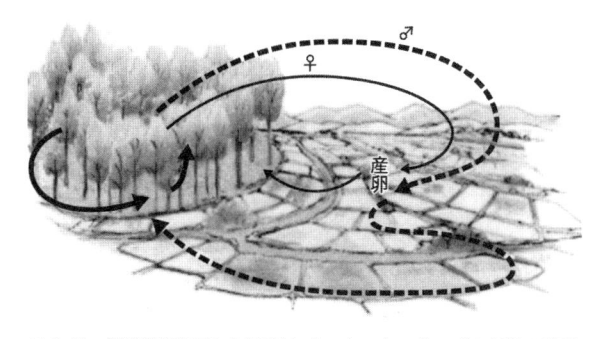

図3-26 繁殖期(晩夏から初秋)に入ったノシメトンボの日常の移動．里山の樹林内にできたギャップで夜を過ごした雌雄は，午前中タンデム(尾つながり)となって水田へ飛来し，連結打空産卵を行なう．約500卵を産みきった後，ペアは解消され，雌は林内へ戻るが，雄はしばらく水田をうろついている．雌は次の産卵まで500卵を体内で成熟させるために，4-5日間，林内のギャップで摂食活動に専念していることがわかってきた．

の昆虫類が生活しているにすぎない．

　チョウの成虫の場合，多様な植物群落を股にかけて生活しているので，生息環境の定量化は行ないにくい．そのため，初期の研究では，単一の植物群落で完結できる幼虫期と同様に，一つの植物群落で定住性の強い種や環境をパターン化しやすい場所で研究されてきた．たとえば，ロッキー山脈の高山帯において，岩だらけの裸地状態の間に寄主植物(+吸蜜植物)がパッチ状に分布し，それぞれのパッチからほとんど移動しないヒョウモンモドキの一種 $E.\ editha$ の個体群は，1960年代から詳細に研究されている．しかし，我が国のように植物群落がモザイク的に入り組んで成立している場所では，成虫が通常に飛翔する広さを特定することは難しい．北海道のエゾシロチョウは，林道に沿って飛翔して，林道にできた轍で吸水し，林縁部の花から吸蜜するという「蝶道」を形成していた．産卵対象のシウリザクラは林道沿いにポツンポツンと立っているので，1日の成虫の行動圏は数kmに達することもあった．すなわち，エゾシロチョウの成虫の飛翔範囲に含まれる植物群落の数はかなり多いのである．一方，ベニシジミのように，やや湿った草地を好んで定住している種の場合は，草地全体さえも生息地としているわけではない．産卵植物であるギシギシやスイバは，草地の群落の中の水環境の好適な場所にしか出現せず，吸蜜植物はそれとは異なった環境要求をもっているからである．したがって，人間の眼から見ると一様な草地群落であっても，ベニシジミから見た生息環境は一様ではな

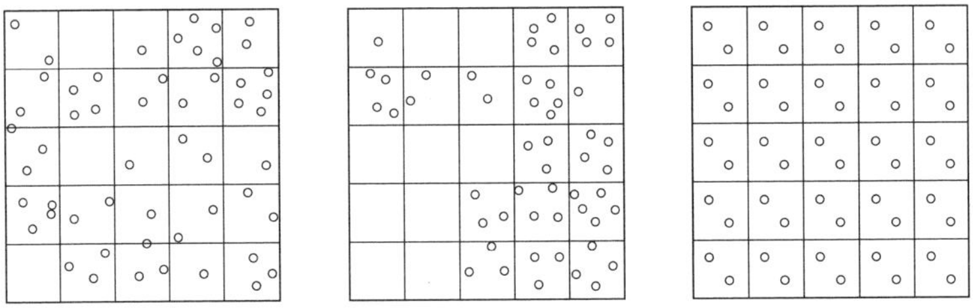

74　第3章　個体群動態

A　機会分布（ランダム分布）　　　**B　集中分布**　　　**C　一様分布**

図3-27　空間分布の3つの型．この図のように格子を当ててみると，全体の密度が等しくても，格子内の密度は，ゼロから5までとさまざまになってしまう．機会分布（ランダム分布）とは，格子内に入る個体の確率がすべて等しい場合である（A）．すなわち，ある1個体の存在が他個体の位置に影響を与えていないことを意味している．個体同士が集まった場合を集中分布と呼ぶ（B）．一方，個体同士で排他的に分布すると，個体間の距離がそれぞれ一定となり，一様分布となる（C）．

く，調査のときには，チョウから見た生息環境を，そうでない部分から識別しなければならない．これを**層別**という．

　性的に成熟したトンボの成虫の場合，水域のみが生息地ではない．確かに，そこで一定の時間帯に繁殖行動を示すものの，近くの樹林内が休息場所であったり摂食場所であったりすることが多く，これらの複数の空間が生息地となっているからである．したがって，成虫の生活に対応させた生息場所の層別が必要である．

(2) 分布構造解析の理論

　生き物が物理的空間の中でどのように分布しているかを詳細に解析することは，その地域個体群の構造と機能だけではなく，個体間相互作用や，種間関係すらも明らかにできる．分布のパターン名として挙げられている一様分布（配列分布）と機会分布（ランダム分布），集中分布とは，その名が表わすとおり，個体間相互作用を推定している．たとえば草地の場合，一様と思われる無機的環境条件や土壌条件の下で，出現した草本の分布構造を解析することで，微小な無機的環境条件の違いも明らかにできるが，個体間の光をめぐる競争の結果や，過去の芽生えの状況，群落の将来像の推定なども可能である．そのため，植物の分布構造の解析方法は，初等統計学を基礎として，さまざまに提案されてきた．大きな方形枠の中に出現している個体をマッピングしておいて，小さな方形枠に区切り，その枠あたりの平均密度（$\bar{X}$）を算出したとき，その分散

(s^2)との比はポアソン型隔離計数と呼ばれ,

$$\frac{s^2}{\overline{X}}$$

で示され,値が1かどうかで分布のパターンを判定することは,今でも行なわれている.すなわち,1のときはランダム分布(ポアソン分布),1を超えると集中分布,1より低いと一様分布である.この指数は自由度 $n_1 = n-1$, $n_2 = \infty$ のF分布にしたがうので,統計的に検定もできる.植物の分布パターンの判定には,この他にA／F比(数量-頻度比)やCH(均質度係数)なども用いられることが多かった.しかしこれらの指数は平均値に依存して変化するため,異なる場所で得られた値をそのままで比較することはできないのが致命的である.そもそも一様分布となるのは特別な場合であり,機会分布を示すこともめったにないのが生き物である.むしろ,集中の度合を比較解析するのが研究の目的でなくてはならない.したがって,これらの指数のみから分布パターンを議論するには無理があった.

　動物の分布パターンの解析も,本質的には植物と同様の方法論をもっている.これの意味するところは重要である.操作的な仮定であろうとも,チョウの幼虫の場合,解析しようとする地域個体群は「一様」と思われる環境,すなわち,寄主植物が一様に生えていなければならないのである.したがって,キャベツ畑のモンシロチョウ幼虫の分布というような特殊な例を除けば,このような仮定は現実離れしている.ミカン圃場のナミアゲハ幼虫の場合ですら,卵はミカンの新鞘に産下され,若齢幼虫はそのあたりの若い葉を好んで集まっている.新梢の伸長は光がよく当たる部位で盛んであり,旧葉は原則として若齢幼虫の餌とはなりにくい.したがって,ミカン圃場におけるナミアゲハの幼虫時代の生息場所は一様とはいえないのである.このように考えると,寄主植物が自然に生えているような野外では,チョウの幼虫にとっての一様な環境なぞ全く望めない.一方,トンボの幼虫(ヤゴ)の場合,肉眼で水底を見渡すことができないためか,落葉落枝や泥などで一様に覆われているという仮定を立てて,分布パターンを解析する研究がしばしば行なわれてきた.しかし,その一様な環境がどこまで拡がっているのかを根拠をもって説明した例は少ない.

　分布パターンの指数を発展させたのは森下正明であった.Morisita's Index といわれるようになった I_δ 指数は,分布の集中度合を判別できるはじめての指

数といえる．また，集中斑の大きさも推定でき，どちらもF分布にしたがうことが示された．しかし，この指数も，定義上平均値に左右されやすいことがわかっている．

物理的空間である単位面積あたりの個体数は「密度」と称され，古くから用いられ，現在でも一般に用いられている．確かに，我々が神様の目になって上から見下ろせば，密度の高低は，その種の生活史に関するそれなりの情報を与えてくれるであろう．しかし良く考えると，この値は生き物を全く無視した値といえる．各個体は，巻き尺をもって1m×1mを地面に描き，それによって，密度が高いの低いのと判断しているわけではない．ロイド(M. Lloyd)は，生物を主体とした密度の考え方から「混み合い度」という概念を提案した．ある一定の区画内に存在している1個体は，その区画内に存在している他の個体の数に影響を受けると考えたのである．したがって，平均混み合い度(m^*)は以下の式から得られる．

$$m^* = \sum X_i(X_i - 1) \big/ \sum X_i$$

ここで，X_i は各区画内の個体数である．巌俊一はこれを発展させて，平均混み合い度(m^*)と密度(m)の関係から分布パターンを判定する方法を提案した．これを m^*-m 法という．典型的な場合，

$$m^* = a + \beta m$$

という回帰直線が得られ，a は分布の構成要素の判定に，β は分布のパターンの判定に用いられる指数となる．すなわち，a が0であれば分布の構成要素は1個体であり，正であれば複数の個体がひとかたまりになり，負なら個体間に避け合いがあると判定するのである．β は，1より大きければ集中分布，1なら機会分布，1より小さければ一様分布とみなす．この解析方法の最大の利点は，回帰直線から判定するために，それぞれの調査場所における個体群密度の大きさに依存しないことであり，これによって，異なる地域個体群間の分布の集中度の比較が可能になったのである．また，分布構造の構成員の大きさも判定できる．したがって，分布の集中度解析法は，m^*-m 法を採用することが，現状では，最も良いといえる．

(3) 地理分布

個体群の定義上，それぞれの地域個体群を集めて全体を俯瞰すると，種個体

群となり，その生息地の拡がりはすなわち種の分布域といえる．その範囲は，第一義的には，寒暖や乾湿，地形などの無機的環境要因によって決められてしまい，植物の場合，それぞれが集まって，熱帯雨林やサバンナ，照葉樹林などという景観を見せている．したがって，植食性動物はこれらの植物景観に依存した分布を示すのが普通で，それらを股にかけた広範囲の分布を示す種は少ない．たとえば，日本全国に分布するキアゲハの場合，暖温帯でも冷温帯でも，幼虫時代の寄主植物となるセリ科植物の出現する湿地や水田脇，湿潤な草地などで個体群を維持している．これらの生息場所は極相ではない．湿潤で開放的な草地は水田を除くと暖温帯ではそれほど多くなく，冷温帯の方が多いので，キアゲハはどちらかというと北方系の種ということになる．実は，この種は周極種といわれ，ユーラシア大陸の北部からヨーロッパ全体まで同一の種として分布しているのである．これに対してナミアゲハは，かつては，暖温帯の林縁部やギャップに出現するカラスザンショウなどの野生のミカン科植物を寄主植物として細々と生活していたのが，ミカン栽培の拡大により九州・四国と本州全域に分布を広めたといわれている．近年では，本州から持ち込まれたサンショウとともに北海道へ侵入し，函館でも生息が確認されるようになったという．一方，沖縄では，ナミアゲハと生活様式の似ているシロオビアゲハが優占し，ナミアゲハの数は少なくなっている．南日本に生息していたナガサキアゲハは，関東南部にまで分布域を拡げてきた．このように見ると，チョウの群集は南から北まで，徐々に移り変わっており，年変動していることがわかる．

図 3-28　冷温帯の放棄水田に侵入したヌマゼリを摂食するキアゲハの 5 齢幼虫．

植食性動物よりも肉食性動物の地理分布は植物景観にあまり影響を受けていない．我が国は地形が複雑で，樹林が成立するだけの降雨量もあるため，都市部を除けば，トンボの成虫が，処女飛翔の行き先や未成熟期の摂食場所に困ることはないからである．したがって，止水と流水の違いはあるものの，水域がありさえすれば幼虫時代の生息場所にも事欠かないので，植生景観よりも，寒暖が種の分布域を決めているといえよう．ただしウスバキトンボのように，初春に沖縄から北上し，晩秋には稚内まで到達するものの，冬の寒さで幼虫が全滅し，翌年，暖かくて冬を越せた沖縄周辺から，再び，北上する分散飛翔能力の高い種もいる．他方，特定の植生空間に限定して生息する種もいるので，トンボの地理分布を考えるときは，生活史を考慮した注意深い視点が必要である．

3.4 メタ個体群

(1) 移動・交流

1頭の雌から産下された卵から生じた次代の成虫が，その場に留まって，手近な配偶相手を探すとすると，相手は兄弟姉妹である確率が高く，俗にいう近

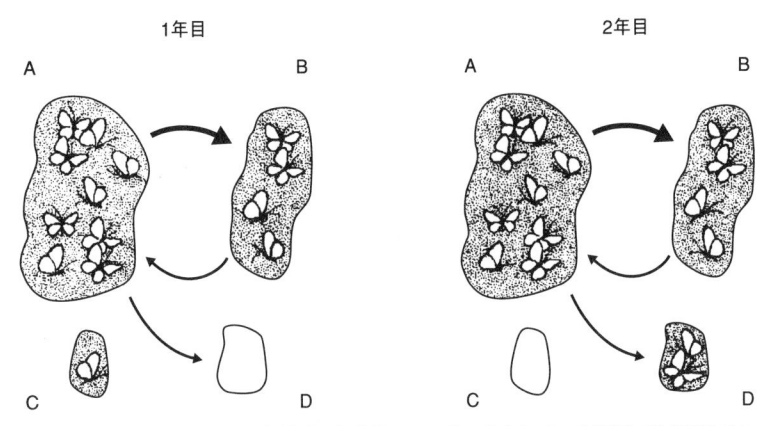

図3-29 チョウにおけるメタ個体群の概念図．チョウの生息している場所に影が付けてある．矢印はチョウの移動を示し，太さは移動するチョウの数に対応している．生息場所Aの個体数は多く，このチョウの発生中心といえ，移出個体が移入個体よりも多い．生息場所BはAからの移入個体で個体群が維持されているようなものである．生息場所Cは，翌年絶滅した．一方，生息場所Dは，Aからの移入個体のおかげで，2年目にチョウが生息するようになっている．Hunter(2002)より改変．

親婚となって，遺伝的に悪影響が生じてくる．これを何世代も繰り返せば，遺伝的奇形の生じる確率が高くなったり，近交弱勢となったりして，個体群は壊滅してしまう．結果的にこのような危険を避けるため，チョウやトンボでは，普通，雌が分散するようになったと考えられている．

どの個体の存在意義も，究極的には，自己の遺伝子を未来永劫にわたって遺伝子プールの中に拡げることであった．このとき，雌が自己の子孫を増やそうとするなら，複数の雄の遺伝子を混ぜておけば，環境が将来変動しても，それに適応できる子供を産んでいる可能性が高くなるにちがいない．これを「子孫の遺伝的多様性の増加」という．その結果，雄は「ボクはここの環境に最も適応した遺伝子をもってるよー」と雌にアピールし，雌は「どの雄がより良い遺伝子をもってるのかしら」とあちこち移動しながら慎重に見極めることになる．したがって，産卵場所における定着性は，雄が高く，雌は低い．この結果は，標識再捕獲法を行なうと，再捕獲率が雄で高く雌で低くなり，日あたり個体数は雄で低く，雌で高く計算されてしまう．推定式の分母となる雌の再捕獲数が小さくなるからである．とすれば，寝場所も何もかも含めた「景観とみなされるような生息地」全体で標識再捕獲調査をすれば，捕獲個体の性比は1対1と

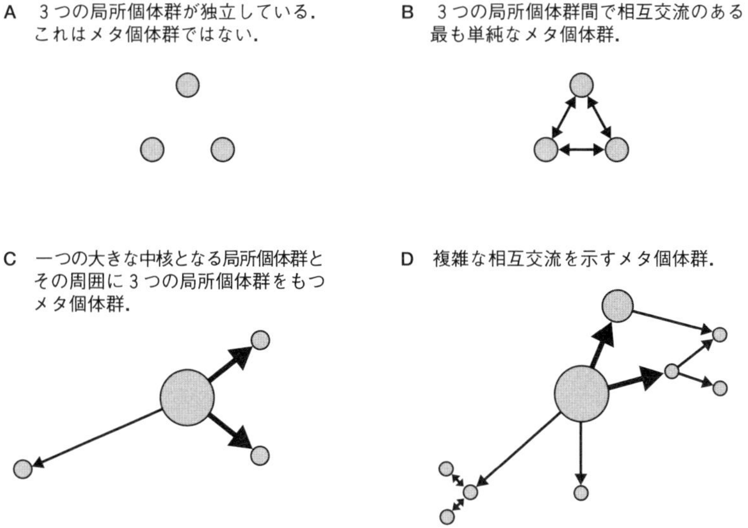

図3-30 メタ個体群のいろいろな型．局所個体群の大きさは円の大きさで表わしてある．矢印は局所個体群間の移動方向を，その太さは移動個体数の量を示している．Primack (2004)より改変．

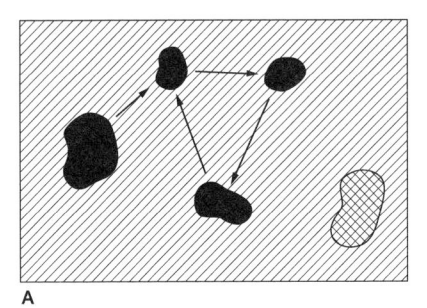

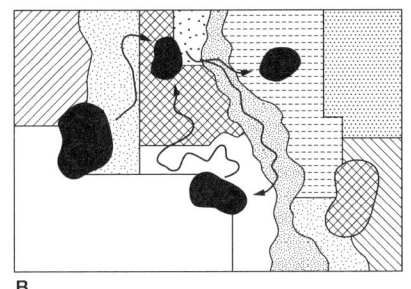

図 3-31 景観を考慮したメタ個体群．特に移動力の大きい動物の場合，A のように周囲を無視して描かれた生息地間における局所個体群からの移動は，B のようにモザイク的な周囲の植生景観を考慮すると，直線的移動は行なっていないことがわかる．Pullin(2002) より改変．

なり，いろいろな個体群パラメーターも信頼できる値となるにちがいない．ただし，これはたいへんな仕事量となる．そもそも，どうやって，誰が「この個体群の生息範囲はここまでです」と決めたら良いのであろうか．

寄主植物が特定の植物群落と結びつき，チョウがその全生活史を当該植物群落内で完結できることがある．このような場合，多くの成虫がその植物群落内に留まろうとすると，結果的に「分布は**パッチ状**」となってしまう．それぞれの植物群落内の個体群は局所個体群と呼ばれる．これらは互いに独立性が強く，長期間にわたって観察すると，これらの局所個体群のうちあるものは絶滅し，あるものは個体数を増やしたりする．一方，絶滅した場所に再び侵入し，再び定着することもわかってきた．すなわち局所個体群は独立しているとはいえ，多少なりとも移動・交流があるのである．このように変遷する局所個体群の集合体は，一段高い視野から**メタ個体群**と認識されている．メタ個体群の動態においては生息地間の移動・交流が重要な要素といえ，移住によって相互に関連があるような局所個体群の集まりでメタ個体群の存続が保証され，このような個体群構造が大規模な絶滅のリスクを低減すると考えられている．すなわち，景観がモザイク的で，その中のいくつかの植物群落が特定のチョウの生息地の場合，生息地を分断化して局所個体群間の移動・交流を妨げると，メタ個体群の絶滅を引き起こしかねないのである．したがって，移動能力が低く寄主植物を含む植物群落に定住しがちな草地性の種は，景観の改変に敏感で絶滅危惧種になりやすく，保全生態学の重要な研究課題となってきた．このような例として，ロッキー山脈の高山帯においてパッチ状に分布するヒョウモンモドキの一

種 *E. chalcedona* や，フィンランド沖合の多島海に生息するヒョウモンモドキの一種 *Melitaea cinxia* が挙げられる．

　アゲハチョウ類やシロチョウ類にとっての吸蜜植物や寄主植物は，さまざまな植物群落に存在し，成虫はそれらをめぐって飛翔しているため，特定の植物群落と結びついて生息しているわけではない．それぞれの個体の飛翔能力の限界はあるものの，彼らは広範囲に分布し，交雑しているのである．したがって，成虫の移動・交流の面から考えると，これまで，これらの種は局所個体群として認識されることはなかった．このような種の極端な例としてはベニヒカゲの一種 *Erebia epipsodea* が挙げられている．この種は草地に生息しているものの寄主植物が広範囲に分布しているためか定住性がなく，標識を施した成虫が同一の場所ではほとんど再捕獲されなかったという．

　植物群落を構成する種に依存しないで生息しているトンボの場合，多くの種において，局所個体群の独立性は低い．繁殖期となって，寝場所と水域を往復しているときも，移動方向が一定でなければ，隣接する局所個体群間の移動・交流は容易に生じるからである．しかし，一つの水域を取り囲む集水域の斜面の高度差が大きかったり，集水域が寝場所や休息場所として充分に機能を果たし，隣の集水域へ移動するためには高い尾根を超えなければならなかったりしたとき，集水域全体をまとめて一つの局所個体群と考えることができる．このような特徴をもつ局所個体群はカワトンボの仲間で知られるようになってきた．一方，ヒヌマイトトンボのように汽水域のヨシ群落で一生を過ごす種の場合，群落依存性が強固なため，ヨシ群落が互いに離れていると，移動・交流ができず，どの個体群も隔離されている．この場合，生息地の攪乱がなくとも，さまざまな要因によって局所個体群の絶滅は起こりやすく，一旦絶滅した場合，その場へ再移入してくる確率はほとんどない．

(2) 地域個体群

　我が国の地形や植生景観の特性により，生息するチョウの中で，教科書的なメタ個体群構造をもつ種は少ないことがわかってきた．成虫が幼虫の生息場所に留まり，かなり閉鎖的な局所個体群を形成する種はウスバキチョウなどほんの数種にすぎない．蝶道などによって飛翔空間が一定の範囲内にあるとはいっても，複数の植物群落を股にかけて飛翔するような種は，アゲハ類やシロチョ

図 3-32 植物群落に対応したナミアゲハの飛翔経路の例．樹林内にできたやや大型のギャップ内は飛翔するが，密生した樹林では樹冠部を飛び越え，疎林では林内を飛翔している．しかし，完全に明るい草地を好むわけではなく，飛翔経路は，半日陰であることが多い．

ウ類で明らかにされてきた．これらの種の多くは局所個体群を形成しないばかりか，地域個体群としても開放的である．たとえば，アゲハ類のもつ蝶道は原則として異なる植物群落の境界に生じ，そこには吸蜜植物か寄主植物が存在する．特に前者の植物を中心としてたくさんの蝶道が集まる場所は，いろいろな人が集い，そして旅立っていく鉄道のターミナル駅にたとえることができる．雌雄を問わず成虫は集まり，そして去っていく．アゲハ類の成虫にとっての生息地とは，このような蜜源ターミナルと産卵場所のネットワークであると考えられる．産卵場所はすなわち幼虫個体群の生息場所であり，林縁部という性質上，それぞれが小規模で持続性は低い．しかしネットワークは林縁部やギャップという頻繁に攪乱される場所を辿って拡がっているので，寄主植物は常にどこかで新たに芽生えているはずである．このようにして新しく生じた産卵場所が雌に気づかれぬはずはない．したがって，成虫の飛翔範囲という視点で見た場合，いくつかの植物群落がモザイク状に集まった植生景観が存在している限り，産卵場所はどこかに生じているので，地域個体群の絶滅はめったに起こらないといえる．

チョウと同様に，トンボの地域個体群も水域と多様な陸上植物群落を利用しているので開放個体群といえる．前者は繁殖場所，後者は寝場所や休息場所というのが一般的なので，繁殖時期における特定の時間帯の特定の水域では個体数が多くなりやすい．しかし，寝場所や休息場所，摂食場所での密度は低く，空間的に広く散らばる傾向がある．したがって，水域との間に蝶道のような一定の飛翔ルートが生じることはめったにない．たとえば，アカネ属の場合は高空を飛翔して移動し，植生の物理的空間を利用せずに移動飛翔を行なっている．この習性は，寝場所と水域が確保されていれば，その間が少々攪乱されていて

もトンボの成虫を見ることができることを意味しており，自然環境の回復の指標としてトンボを利用する際には注意が必要であろう．なお，我が国のトンボで，成虫になっても羽化した水域から離れないで生活し，地域個体群の拡がりの小さいことが明らかにされた種は，ヒヌマイトトンボとアオハダトンボ，ミヤマアカネの3種にすぎない．

4 生活史戦略
——一人で生きているわけではないけれど……

　自然界において見られる相矛盾する2つの面を統一的に解釈するという「唯物弁証法」が我が国でもてはやされていたとき，海の向こうのアメリカでは，自然界の事象を比較検討するための「二分法」が使われ出していた．特に42歳で亡くなったマッカーサー(R. MacArthur, 1930-1972)は，生物の世界の理解のためにたくさんの二分法を提出し，それらの発展型が今日の生態学の根幹をなしてきたといっても過言ではない．すなわち，

　　　　　　generalists　　対　　specialists
　　　　　　　pursures　　対　　searchers
　　　　　coarse-grained　　対　　fine-grained
　　　　　　　r-selection　　対　　K-selection

などであった．これらの対立法は個体群レベルを出発点とし，餌選択の方法や餌の取り方，生息場所選択などの違いを種間で比較するものである．そして最後の r-, K-selection が，種の生活史を包括的に理解するための最も基礎的な考え方として1970年代前半に確立された．なお，マッカーサーは，「多様性」の考え方を数学的モデルから発展させている．

　チョウの成虫の生活の中で，花や樹液に集まったり地上に舞い降りて吸水したりする行動は，直接には個体を維持するためであり，結果として，寿命を延ばすことになっている．また，日光浴や休息といった行動も，繁殖とは全く関係のない個体独自の振る舞いと考えられてきた．しかし近年の社会生物学(進化生態学)の発展に伴い，我々の目の前で繰り広げられるチョウやトンボの行動のすべては，雌雄が出会い，それぞれの子孫を残すために最も効率の良い生き方を追求した結果であることが明らかにされている．雌の配偶行動に関する従来の研究は，蔵卵数や産卵過程などの解析と融合し，精子とともに雌に注入される雄由来物質の利用方法や多回交尾の利益の解明へと発展してきた．また，交尾中に行なわれる精子や注入物質の受け渡しの詳しい解析が進んだので，雄

の子孫への投資量と配偶行動の関係を論じた研究も多い．一方，トンボの場合，交尾中に行なわれる精子置換を基礎として，多様な繁殖行動を解明しようという試みがなされている．

4.1 生物的環境——動物

(1) 捕食

たくさんの種個体群からなる生物群集では，チョウのように，草を食う捕食者であって，鳥に食われる被食者であるという種が多い．このように植物を植食性動物が食べ，植食性動物を肉食性動物が食べるという「食う-食われる」の関係が一連に続くことを**食物連鎖**というが，実際には，一つの生物は2種以

図 4-1　単純な食物連鎖．Van Cleave (1996) より改変．

上の生物を食べたり，2種以上の生物に食べられたりしているので，自然界における「食う−食われる」の関係は複雑な網目状となっている．これを**食物網**という．

　一般に生物群集では，緑色植物や化学合成細菌などによって炭素が固定され，無機物から有機物が合成されている．このような働きを行なう生物を生産者と呼ぶ．一方，動物のように，他の生物を食べて，それを自己の栄養として利用する生物を消費者と呼んでいる．消費者は，さらに，生産者を食べる植食性動物を一次消費者，それらを食べる肉食性動物を二次消費者，主として二次消費者を食べる肉食性動物を三次消費者，さらにそれを食べる肉食性動物を四次消費者……と分類されることが多い．これらの生産者や各消費者を「食物連鎖上の栄養段階」という．このとき，それぞれの餌となる生物は生きていることが原則となるので，あえて生食食物連鎖と呼ぶこともある．また，多くの菌類や細菌類は分解者と呼ばれ，動植物の遺体や排泄物を分解することによって栄養を得ている．これらの生物を出発点として，それを食べる土壌動物などから地表徘徊性昆虫類，肉食性の脊椎動物へとつながっていく連鎖を腐食食物連鎖と呼ぶ．なお，動物の遺体や排泄物は地表徘徊性昆虫類も餌として利用している．このように，生物群集を構成するそれぞれの種個体群は，生態系の物質循環において生産者と消費者，分解者の三者となってそれぞれの個別の機能をもつとはいいながら，想像を超える多様な相互関係をもち相互作用を示しているのである．

　ほとんどのチョウは，一生を通じて一次消費者(植食者)の立場である．特に，卵期から幼虫期を経て蛹期に至るまでは，活発に捕食者から逃れることができないので，多くの肉食性動物の恰好の餌となっている．一般に，卵期から若齢幼虫期は体の大きさが小さいので，肉食性の小型動物，すなわち，昆虫類やダニ類，クモ類に捕食され，体が大きくなる老齢幼虫期にはそれらに鳥類が加わる．すなわち，チョウの幼虫を捕食する肉食性動物は，二次消費者だけでなく三次消費者や四次消費者も含まれており，これらの捕食者の餌のメニューは広範囲に及ぶのが常であるため，彼らは一括して「多食性捕食者」とも呼ばれてきた．したがって，害虫ほど個体数が多くならない種である限り，そのチョウだけが専門に狙われて捕食されることは少ない．捕食はむしろ偶発的に生じることが多く，この現象も，生存曲線が結果として早死型とはならない理由であ

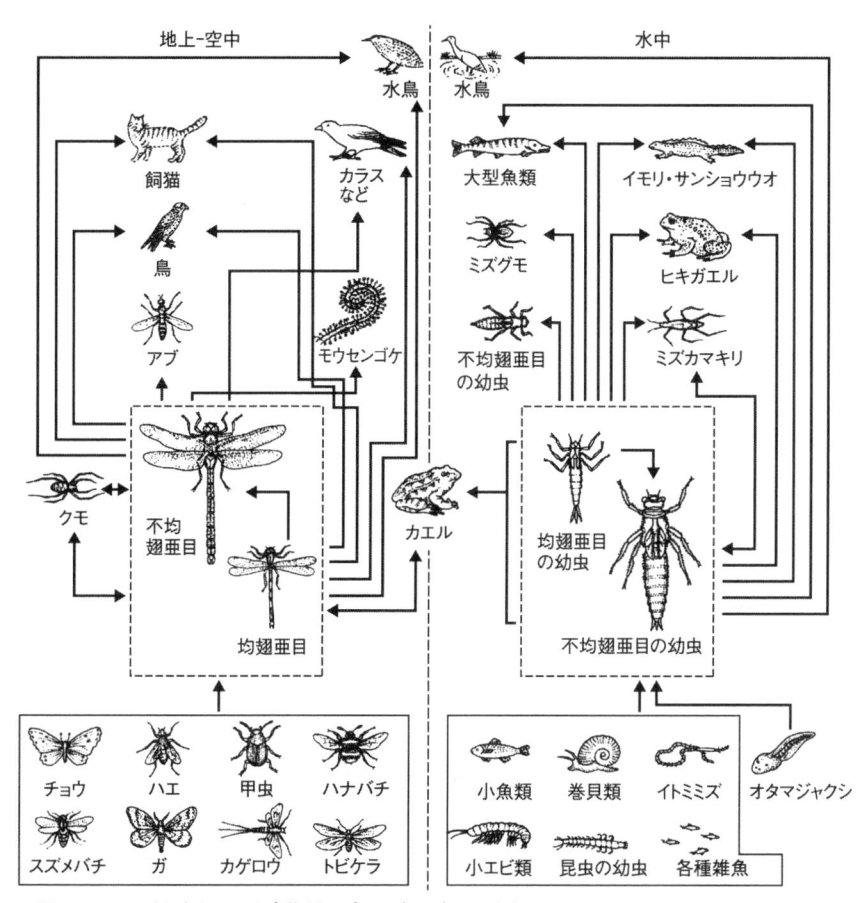

図 4-2 トンボを中心とした食物網. O'Tool(1988)より改変.

る.
　チョウの幼虫を専門的に狙う捕食者が少ないとはいえ，幼虫はさまざまな防御機構を発達させてきた．背景に溶け込むような姿形や色彩をもつ幼虫は多い．また，アゲハ類の 2 齢から 4 齢幼虫は焦げ茶色に白っぽい帯の入った分断色で，これまでは鳥の糞に擬態していると考えられてきた．一方，寄主植物に含まれるアルカロイドなどの物質は捕食者にとっての毒物質で，マダラチョウやベニモンアゲハの仲間はこれを体内に蓄積している．これらの幼虫は，警戒色といわれる毒々しい色彩で背景から目立ち，集団で生活する場合が多い．また，成虫は，毒をもたない別種のチョウによって擬態されるモデルとなっている．一

方，シジミチョウの幼虫では，対捕食者としてアリを用心棒に傭う種もある．このときのアリと幼虫の関係は，幼虫が甘い分泌液を提供するギブアンドテイクの相利共生とされていたが，ゴマシジミやオオゴマシジミでは，アリの巣に運んでもらった幼虫が，アリの幼虫を食べていることが明らかにされた．シジミチョウの仲間には，幼虫が肉食性の種もあったのである．

チョウの幼虫の捕食者に見られるような多食性捕食者の捕食習性の極端さは，水生生物に見られる．トンボ類をはじめとする水生昆虫類だけでなくオタマジャクシ，メダカなどの魚類にとって，餌のメニューは体の大きさに依存することが多い．大型の個体が小型の個体を捕食するのである．たとえば，水中に産み落とされたトンボの卵や若齢幼虫は魚類にとっての餌であるが，逆に，大きくなったヤゴは小魚を襲う．日本アルプスの渓流に生息するイワナを釣るのにはヤゴが最適の餌であることが渓流釣りの人々の間では知られているが，イワナの稚魚はヤゴに捕食されているのである．

チョウやトンボの成虫の捕食者としては，鳥や造網性クモ類とともに，カマキリ類やムシヒキアブ類などの肉食性昆虫類も挙げられている．なお，中型以上のトンボ（特にシオカラトンボやヤンマの仲間）は，チョウの成虫を襲うとともに，羽化直後のトンボや小型のトンボも捕食している．

(2) 共生と寄生

異なる種の間に見られる相互関係は，一方の種の存在が他方の種に有利に働くかどうかによって分類されてきた．どちらも不利益を得ないで生活している場合を共生といい，アリがアブラムシを天敵から守り，アブラムシがアリに栄養物を与えるというように，互いが利益を得る相利共生と，サメによる運搬と保護を一方的に享受するコバンザメのような片利共生がある．これらの関係は，被食者-捕食者相互関係とともに，生物群集の中の相互作用として広く存在することが明らかになってきた．一方，異種の生物が一緒に生活するものの，一方が不利益を得る場合は寄生と呼ばれている．

寄生蜂や寄生バエと呼ばれる生物は，主として昆虫の卵や幼虫，蛹に産卵し，宿主の内部で発育を完了した後，宿主を食い破って外界に脱出してくる．したがって，宿主から栄養を横取りする普通の寄生とは異なり，結果的に，宿主を直接殺して食べてしまう点で，これらの寄生者は機能的に捕食者と変わらない．

図 4-3　鳥がトンボの成虫を捕獲. Brooks(2002)より.

そこで，これらの寄生者を特別に「捕食寄生者」，宿主を「寄主」と呼んでいる．宿主の成長をたちどころに止めて寄生者の幼虫が宿主を捕食するやり方を「殺傷寄生」といい，寄生者の幼虫が育つまでは宿主幼虫自身もある程度育っていくタイプの寄生方法を「飼い殺し寄生」という．

　捕食寄生者の中には特定の分類群にしか寄生しない種もあり，これらは野外の昆虫類における主要な死亡要因の一つとなっている．そのため，農作物の害虫に対して，農薬を使わずに駆除するための天敵として注目を集めてきた．たとえば，鱗翅目幼虫の卵に寄生するタマゴヤドリバチ類は，産下直後の寄主の卵に産卵し，寄主の卵期の間に次世代の成虫が脱出してしまう．一方，アゲハ類の幼虫に産卵するアゲハヒメバチは，幼虫の体内で1齢幼虫になった後，寄主の脳の傍で寄主が蛹化するまで発育を停止するが，その後，急速に発育して，寄主を食い尽くし，蛹から成虫として脱出する．

　捕食寄生者に対抗して，寄主は内包作用と呼ばれる液性免疫によって抵抗している．体内に注入された捕食寄生者の卵を，タンパク質で覆って殺してしまうのである．一方，産卵の際にウイルスも注入して，その助けを借りて寄主の内包作用に対抗する捕食寄生者の存在することも知られてきた．寄生蜂と寄主の系は，実験個体群における動態や最適性比，最適採餌理論などの研究材料として寄与している．

図4-4 ナミアゲハの蛹から脱出中のアゲハヒメバチ．イラスト：松原巌樹．

(3) 種間競争

　植物ならば光や水や栄養塩をめぐり，動物ならば餌やすみかをめぐって，似たような生活要求をもつ種と競争している．普通，この種間競争は近縁になるほど激しく，競争に負けた種は絶滅し，結果として，我々の前には勝った種しか存在していない．したがって，野外において現在進行形で種間競争を観察できる機会はめったにないので，同所的に生活しているほとんど同様の生活要求をもつと見られる近縁の2種がいれば，食物要求や発生の季節消長，活動の日周性などを互いにずらしていると考えるべきなのである．見方を変えていえば，これまでの同所的に生息する2種の研究は，生活史のどこにずれがあるのかを見いだそうとする研究であったかもしれない．

　近年，種間競争には，当事者たちに加えて第3の種を介する間接作用が明らかにされてきた．たとえば，2種が種間競争を行なっているところへ，一方を選択的に襲う捕食者がやってくると，襲われた種の個体数は減少するので，競

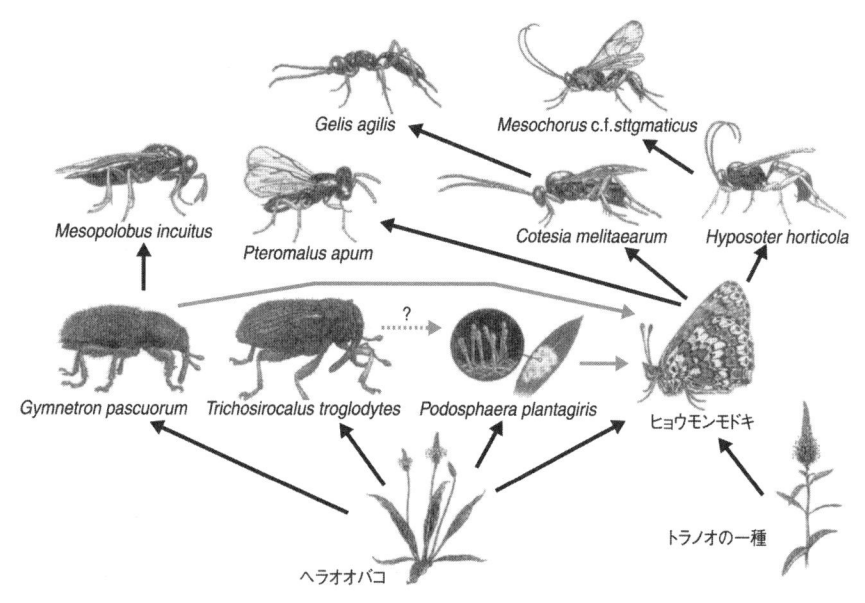

図 4-5 ヒョウモンモドキの一種 *Melitaea cinxia* と寄主植物のヘラオオバコ *Plantago lanceolata* を中心としたさまざまな種間関係．黒い矢印は直接的な関係を示し，「食う-食われる」か「寄主-捕食寄生者」の関係である．灰色の矢印は間接的に負の影響を与えることを示している．点線の矢印は媒介者としての関係が考えられている．Ehrlich & Hanski (2004) より改変．

争者の個体数は増加する．このように，捕食者の侵入が競争当事者の一方の個体数を間接的に増加させることを，捕食者による間接効果という．

4.2 生物的環境——植物

(1) 産卵植物と寄主植物

チョウの雌は，寄主植物を探して飛び回り，その葉や新芽などの孵化幼虫の摂食に好適な部位に産卵することが多い．この寄主植物探索行動は，雌の視覚だけではなく，寄主植物中の化学成分（産卵刺激物質）によって解発されることが明らかにされてきた．すなわち，寄主植物でありさえすればどのような状態の植物でも産卵対象になるわけではない．たとえば，新葉の展開季節などという植物側の生活環に依存して産下卵は分布することが多く，新葉は植物の先端部や陽のよく当たる部分に多いので，結果的に，卵は集中分布となっている．

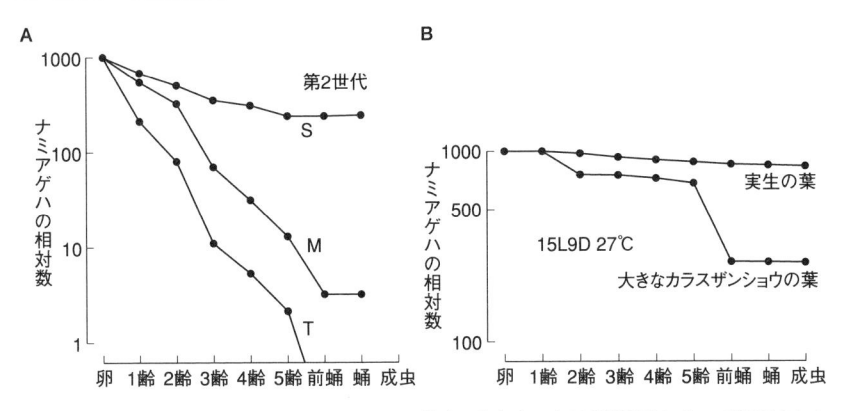

図 4-6 寄主植物の質によって異なるナミアゲハ幼虫の生存率．左は伐採跡地において観察されたナミアゲハの生存曲線を示す．Ｓは１ｍに満たず，周囲の植物よりも低い寄主植物（カラスザンショウ）上，Ｍは周囲の植物と同じくらいの高さの樹（1-2ｍ）上，Ｔは２ｍを超えて周囲の植物よりも高く，分枝が盛んな樹で，カラスザンショウ特有の匂いは薄くなり，羽状複葉の葉から棘が消失している樹上の場合である．右は室内飼育の結果で，カラスザンショウの５ｍを超える大木の葉と50cm程度の高さの実生の葉を与えた場合を示す．ここで，１齢から２齢に至る主な死亡要因は餓死で，５齢から前蛹に至る主な死亡要因は下痢であった．なお，大木の葉は柵状組織が２重になっており，海綿状組織も密で，硬く，タンニンの量も多いと推定されている．

　ミカンに依存せずに個体群を維持しているナミアゲハの場合，主要な寄主植物はカラスザンショウである．この種は先駆樹種と呼ばれ，森林が伐採された跡地や崖崩れなど土壌が攪乱されて明るくなった場所，遷移初期の林，林縁部やギャップなどに多く見られる．ナミアゲハの雌はカラスザンショウの幼木の葉や新芽に好んで産卵し，その葉は幼虫に好まれる．しかし，大きくなった木の葉にはほとんど産卵が認められず，わずかに頂芽近辺の展開中の葉が産卵部位となるにすぎない．このように大きくなった木の葉を幼虫に与えると，葉が硬くて食いつけず餓死したりして，１齢期の死亡率が高くなっている．５齢期末にも，下痢をして死んでいく個体が生じ，ナミアゲハにとっての生理的に好適な寄主植物とは，芽生えてからせいぜい 4-5 年のカラスザンショウといえる．したがって，ナミアゲハの幼虫にとっての生息地は二次遷移の初期段階に限定され，それぞれの生息地が好適である期間は短い．

(2) 吸蜜植物

　花蜜を吸い花粉媒介するチョウの口吻の長さは，好んで訪れる植物の花冠の長さに対し適応している．このような受粉生態学や，昆虫-植物の相互進化の

主題の一翼を担うはずであったチョウの研究は，実は，あまり発展していない．チョウの成虫は昼行性で寿命が長く，花蜜が成虫時代の主要なエネルギー源とみなされていたにもかかわらず，植物を主体とした研究ではハナバチ類の方がはるかに花粉媒介等にとって重要と見なされていたからである．なお，南米のドクチョウの仲間の成虫は花粉を"食べる"ことが明らかにされたが，日本産のチョウの成虫にそのような例は報告されていない．

　夏季におけるチョウの雄の吸水行動もよく知られている．特に黒色系アゲハ類やアオスジアゲハ，シロチョウ類などの若齢の雄による集団吸水の観察例は多い．この行動が解発されるのは，水分中に含まれるナトリウムイオンによることが，オオトラフアゲハ *Papilio glaucus* で示されている．また，単独で吸水を行なうナミアゲハでは，少量の塩分を摂取すると，交尾時に雌へ注入する精包の大きくなることが示されたが，吸水行動の意義は充分に明らかになっていない．ナトリウムイオンが飛翔筋の活動を促進するという報告もある．ただし，昆虫類にとって水分の保持と補給は，個体維持の面で重要な意味をもっている．

　チョウの成虫時代の重要な栄養源である花蜜は，二糖類のスクロースと単糖類であるグルコースとフルクトースの3種類から成り立ち，飛翔などのエネルギー源として使われている．アミノ酸も2種類から4種類程度に含まれている

図4-7　スコールの去った後，路肩で吸水を始めた黒色系アゲハ類の雄(タイ・チェンマイ)．

ことが明らかにされてきたが，ごくわずかな量なので，吸蜜しか行なわないチョウに対しては重要視されていない．花蜜に含まれる糖の濃度や組成比は，種特異的であるだけでなく，気温や湿度，花齢などによって変化している．モンシロチョウやスジグロシロチョウが訪花するイヌガラシの花の蜜の現存量や濃度は，夜露の付着や昼間の蒸発によって変化し，訪花昆虫の種類と密接に関係していることが明らかにされた(図4-8)．糖濃度の低い花蜜は細長い口器をもつチョウやスズメガ類に好まれる．糖濃度の高くなった花蜜は，チョウなどの昆虫にとっては吸飲しにくくなるが，口器の短いハナバチ類やハナアブ類に好まれ，さらに，結晶化した糖はアリが運び去ってしまう．

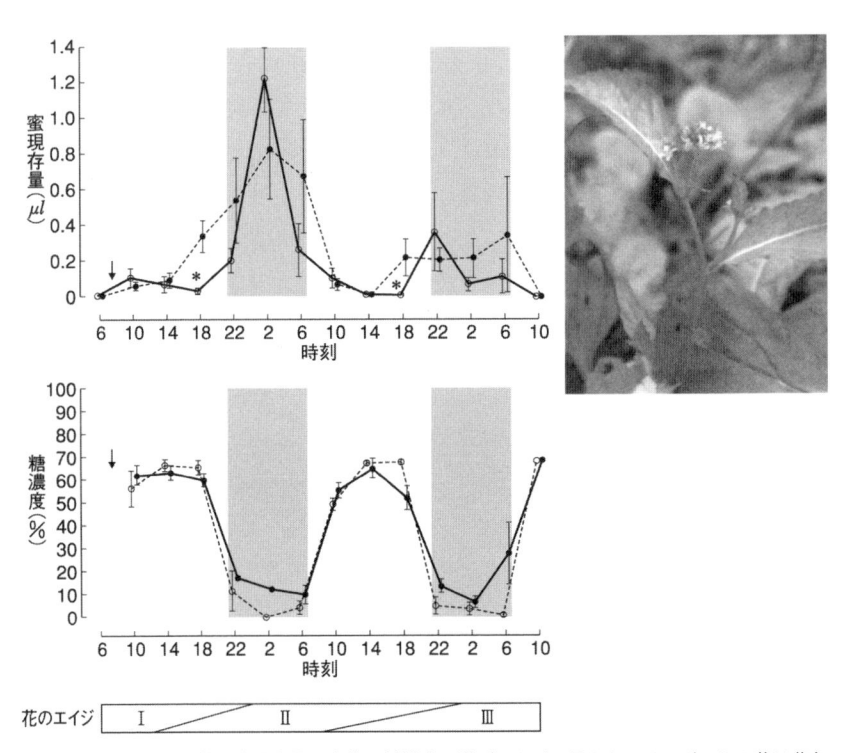

図4-8　イヌガラシの花の蜜分泌量の変化と糖濃度．道ばたなどに見られるイヌガラシの花は黄色い小さな皿状花で，個々の花の寿命は2日程度である．開花は朝に始まり，夜にかけて蜜分泌量は増加していく．点線は，チョウやハチ，アブ，アリなどの蜜利用者を排除した場合の蜜現存量の変化を示す．矢印が開花時刻．皿状花のため太陽直射を受けやすく，日中の蜜の糖濃度は上昇しがちである．糖濃度が60％を超えると，蜜はとろりと飴状になり，部分的には結晶化してしまう．これはアリにとっての好適な餌となるが，チョウは利用できない．

花蜜中の糖は訪花昆虫の寿命を延ばして蔵卵数を増加させたり，卵成熟を促進させたりする．たとえば，ナミアゲハの雌の場合，0.1％や1％のショ糖溶液を毎日与えても，その効果は水とほとんど変わらないが，20％のショ糖溶液を摂取させると体重は減らず，卵成熟も盛んになる．野外でモンシロチョウやスジグロシロチョウの成虫を捕獲して，さまざまな濃度の糖溶液を与えてみると，どちらの種も20％の糖溶液を最も好み，数理モデルによるチョウにとっての最適糖濃度20-25％と一致していた．しかし，種によっては40％が最適糖濃度という報告もあり，気温や湿度などの無機的環境や吸水行動の有無などによって最適糖濃度は影響されることが示唆されている．

　蜜源としての花の分布は，チョウの移動・分散に影響を与えている．ヒョウモンモドキの一種 *E. editha* の生息場所選択は蜜源植物の分布に依存し，その蜜源植物の近くに生育している寄主植物に産卵することが多い．アゲハチョウ属の吸蜜場所は，林縁部や攪乱された場所で，夏季にはクサギの花が重要な吸蜜源となる．クサギもカラスザンショウと同じ「先駆樹種」で，林縁部や林内のギャップに出現するが，カラスザンショウよりも分枝する傾向がはるかに強く，開けた場所では「灌木のお化け」のような樹型になる．花期は1カ月以上あり，その間に多いと2万個以上の花を咲かせるが，一つ一つの花の寿命は約3日しかない．一つの花の生産できる蜜量は約 10 μl で，大きなクサギの木は1カ月の花期の間に 170 ml 近くの蜜を生産していると計算されている．夏季

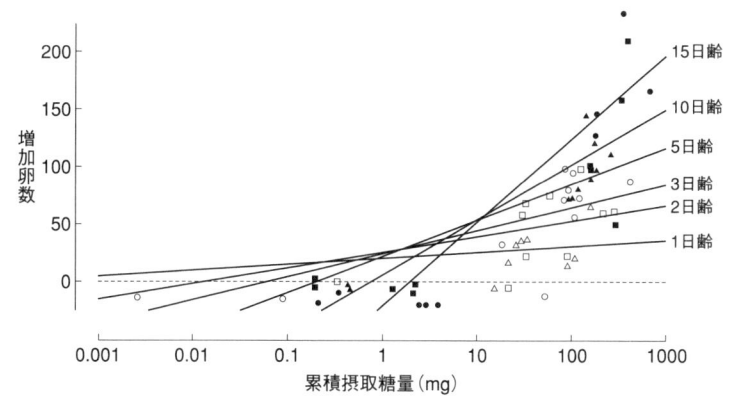

図 4-9　ナミアゲハの雌における糖の摂取量と蔵卵数の増加量の関係．横軸に累積した摂取糖量をとり，その間に水のみを与えて飼育した雌の蔵卵数との差を縦軸に示した．

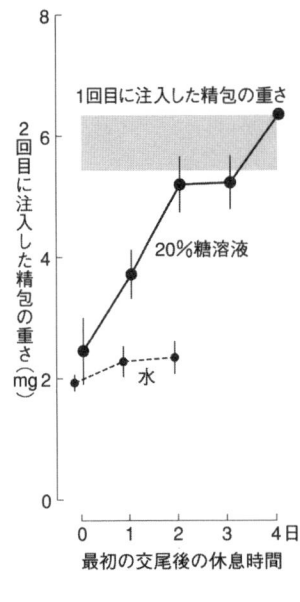

図4-10 ナミアゲハの雄における糖摂取量と精包生産量の関係. 羽化翌日に交尾した雄は,6mg程度の精包を雌に注入することができる(図中の影の部分が,注入精包重±標準偏差). これらの雄に20%糖溶液を与えながら休ませ,再び交尾させたときに注入した精包の重さが示されている. 横軸は休ませた日数で,0日とは1回目に交尾した日に再び交尾させたことを示す. 点線は,水を与えた雄の2回目の交尾で注入した精包の重さである. 図より,幼虫時代に摂取した栄養だけを用いると,1.5個分の精包を生産できることがわかる.

の黒色系アゲハ類は,クサギの生産した花蜜の約4分の1を消費していることが明らかにされた. なお,イヌガラシの一花あたりの蜜量は約 0.5 μl で,シロチョウ類やハナアブ類, ミズアブ類などがこれを蜜源として利用している.

(3) 休息場所と寝場所

一般に日中に活動するチョウやトンボの場合,日中に飛翔せずに止まっていたりして,活動を休止しているように見えると「休息」,夜に見られる同様の活動停止状態は「睡眠」という言葉で区別されてきた. 確かに,縄張り内への侵入者を見張るために静止しているチョウやトンボと,餌が近寄るのをじっと待っているトンボなどは,翅の開閉状況がどのようであれ,直ちに飛び立てる準備がなされており,注意深く観察すれば,彼らの緊張状態が伝わってくる. 一方,休息している場合,葉の裏面や枝などにぶら下がったり,樹冠部や下生えの中に潜り込んだりしており,近づいても急には飛び立てないことが多い. 日中に示されるこのような休息行動は,普通,日周活動のピークからはずれた時間帯で観察される. たとえば,早朝や夕方に活動するジャノメチョウ類などは日中に休息し,秋季のアカネ属のトンボは,午前中に水田で産卵活動を行ない,午後に雑木林の中で休息したり,摂食したりしている. しかし,休息行動

図4-11 夏季のアゲハ類の主要な吸蜜植物クサギ．花期は7月末から8月末までの約1カ月あるが，一つ一つの花の寿命は3日程度にすぎない．この間，雄しべと雌しべの向きが毎日変化するので，それによって，花の日齢が3段階に分けられている．すなわち，開花初日のIは，雌しべが未成熟で雄しべだけが上を向くいわゆる「送粉期」に当たり，雌しべが成熟を始めた2日目と，雄しべが萎れた3日目は「受粉期」といえる．3日間の開花期間で約10 μl の蜜を生産するが，送粉期で少なく，受粉期に多い．チョウの体に花粉は簡単に付着するので，送粉期にはチョウの滞在時間を短くさせ，受粉を確実にするために，受粉期には滞在時間を長くさせる結果になっている．

が最も多く見られるのは，気温が低かったり，風が強かったり，降雨が激しかったりする悪天候によって，日中であっても活動できない場合である．

夜間の睡眠も，葉陰や茂みの中の目立たない場所で，休息と同様の姿勢で行なわれることが多い．成虫の活動空間に樹林が含まれる場合の寝場所には，枝や樹叢など樹木の各部分が使われ，開放的な草地性の種では，草の根もと付近まで下りることもある．いずれの場所でも，暗く，気温の低い夜なので，驚かしても，敏速な退避行動を示すことができない．この活動性の低さを利用して捕獲効率を上げ，標識再捕獲調査などを行なった例が，ナミアゲハやモンシロチョウ，モンキチョウで報告された．深夜のキャベツ畑やスキー場のゲレンデで懐中電灯を振り回すと，睡眠中のモンシロチョウやモンキチョウが白くボーッと浮かび上がってくるので，捕虫網を使わずに，「手でつまむ」ことさえ可能である．トンボの場合も，寝場所に集まってきた個体に標識を施した研究が報告されているが，再捕獲率が低かったようで，チョウほどはっきりとした結果は得られていない．なお，休息したり睡眠したりするときの姿勢によって生じる隠蔽的な体色や翅の色，あるいはチョウの翅の眼状紋は，特に鳥などの捕食者から逃れる方法の一つとして進化してきた可能性があるといわれている．

4.3 無機的環境

(1) 体温調節

哺乳類が恒温動物で昆虫類は変温動物という分類は，小学校時代に覚えさせ

図 4-12 寝場所に集まってきたトンボ *Brachythemis lacustris*. 水辺から離れた丘の傍で，雌雄が一緒になって，枯れ枝に止まり一夜を過ごす．遅れてやってきた個体が先着の個体の間に割り込んだり，先着の個体の上に止まろうとするため，夜の帳が降りるまでの一時は常に大騒ぎになるという．Brooks (2002) より．

られたはずである．動物の個体を取り巻く周囲の空気の温度を外気温といい，これによって動物の体温が大きく影響されることは間違いない．通常の範囲を超えた外気温の高低は体内の代謝に悪影響を及ぼし，最悪の場合は死に至るだろう．我々を含めた哺乳類は体温をできるだけ一定に保って生活しようとして，外気温の影響を最小限に食い止める体温調節機構を発達させてきた．一方，昆虫類はそのような調節機構が未発達で，外気温とともに体温が上下し，通常の範囲を逸脱すれば死んでしまうので，さまざまな行動や生理学的手段で対抗している．休眠越冬や越夏もその一つといえよう．しかし，この30年ほどの間に，温度環境とチョウやトンボの体温の関係の研究が進み，これらの昆虫も大なり小なり体温調節機構をもっていることが明らかにされてきた．

　温度環境は，空気の温度である外気温と，太陽の輻射熱に分けて考えねばならないが，この両者は混同されがちである．生物の生活している地表付近の空気の温度は，太陽光で直接暖められることはほとんどない．暖められた地表の熱が伝導してくるのである．したがって，外気温を測定しようとして，温度計の検温部を不注意に太陽光線に当ててしまうと，空気の温度に加えて輻射熱の温度を測ってしまうことになる．もちろん，地上や他の物体（生き物でも）から反射される輻射熱も温度計の検温部に当ててはならない．測定者の体からも赤外線が放射されている．温度計の周りの空気がよどめば，伝導してくる熱も測

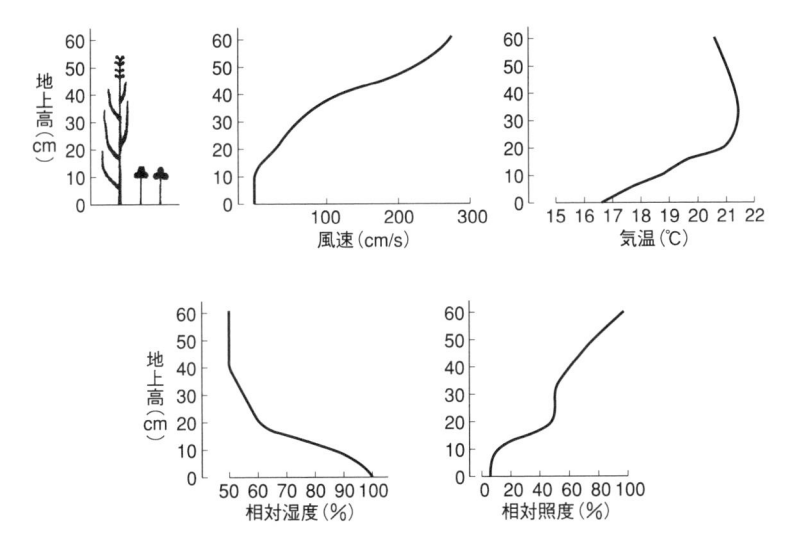

図 4-13　微気象に対する植物群落の影響．わずか 50 cm の高さの植物群落であっても，群落内を吹く風は植物によって遮られ，気温は群落外よりも低くなっている．この傾向は，群落の下部になるほど強くなる．一方，光合成を行なう植物の存在は群落内を湿潤にするので，相対湿度は上昇し，相対照度は減少する．Dennis(1992)より改変．

定してしまうかもしれない．これらの要素を可能な限り排除して空気の温度を測定するには，アスマン通風温度計のような機構をもった測定機器が必要である．

　太陽輻射熱の測定も難しい．降り注いでくる太陽光線の熱をすべて測定するならば，照度を測定してエネルギーを計算すれば良い．しかし，昆虫類の体に当たる太陽光線は，体色などによって，反射される波長と吸収される波長に分かれ，輻射熱として生じるのは後者だからである．もちろん，濃い色の体はたくさんの光を吸収するので熱くなり，淡い色の体は光を反射するのでそれほど熱くならないであろう．とはいえ，チョウやトンボの体は一色でべた塗りされているわけではなく，複雑な紋様をもつのが普通なので，単純に体表面に当たる光の量から輻射熱量を計算できるわけではない．これまでに行なわれた多くの研究では，温度計の検温部を黒色にして太陽にさらして測定した温度を「黒色温度」とし，輻射熱の指標としている．さらにていねいに測定する場合には，白色にした検温部の温度（白色温度）も測定して，比較することになる．

　外気温と輻射熱に加えて，体温変化に影響を与える外部要因として，風が挙げられる．特に冷温帯や亜寒帯，山岳地帯などで気温が低く日射の強いとき，

図 4-14 野外においてアスマン通風温度計での測定.ポールなどの支柱がない場合,写真のように腕を伸ばして,アスマン通風温度計をできるだけ体から離して測定することが必要である.

風は昆虫の体から熱を奪っていく.風速と消失する熱量には正の相関関係があり,外気温と体温の差が大きいほど,生存に不適な無機的環境になる.しかし,消失する熱量は,飛翔や静止,休息といったさまざまな行動や体内の生理的状態によって異なるため,大規模な風洞実験でも行なわない限り,測定することは難しい.したがって,体温調節の研究は無風や微風のときに行なわれがちであり,体温調節に風の影響を考慮した野外研究は緒についたばかりである.

(2) 行動適応

濃い体色の昆虫は光を良く吸収するので体温が上昇しがちであるとはいえ,外気温と輻射熱の関係を区別しないまま,昆虫類の体温調節は説明されてきた.たとえば,夏季の黒色系アゲハ類(クロアゲハやモンキアゲハ,ナガサキアゲハなど)がナミアゲハより閉鎖的な環境を好んで飛翔するのは,炎天下の直射光の下を黒い翅で飛翔すると熱射病になって死んでしまうからといわれていた.確かに,これらの黒色系アゲハ類は半日陰に蝶道を作っている.翅が白いモンシロチョウやスジグロシロチョウでも,外気温が高くなると,直射日光の当たる草地で活動するのをやめて,涼みに林内へと入っていく.試しにチョウの成虫を捕獲して日向においてみると,翅の色が淡くても濃くても,30分もしないうちに死んでしまうのも事実である.しかし近年,チョウの黒い翅は熱を吸

収しても体温の上昇には寄与しないことが明らかにされた．どんなに翅の温度が上昇しても，その熱が伝導で胸に伝わる量は無視できるほどのようである．むしろ直射日光により暖められた腹部の体液が胸部へと循環して，胸部の温度が上昇することの方が危険であるらしい．アメリカのクロキアゲハ *Papilio polyxenes* の場合，腹部に当たる直射日光を避けるため，腹部の上に日傘のように黒い翅を差し掛けているという．したがって，黒い翅をもつチョウが半日陰を飛翔するのは，熱射病にならないためではなく，別の要因によるものである．実際，ナガサキアゲハは，夏，炎天下を悠々と飛翔している．

　激しく羽ばたいて飛翔すればするほど，飛翔筋は熱を生産し，体温は上昇する．もし夏に草地のような開放的な場所で飛べば，直射光による熱も加わって，体温は限界を超えてしまうかもしれない．しかし，特に冷温帯以北のチョウは，飛翔行動それ自身によって，体内の熱を相対的に低い外気温へと放出し，強力な直射光の下でも自由に飛翔していることがモンキチョウで明らかにされた．すなわち，チョウは飛んで風を切ることによって体温調節しているのである．炎天下のナガサキアゲハがしばしば滑空飛翔するのも，体温調節の目的があるのかもしれない．このように，あえて飛翔することで，相対的に低い外気温に体内の熱を放出して体温の低下を試みる体温調節は，トンボでも知られている．

　外気温が高く，太陽輻射が強いとき，チョウと同様に，トンボの成虫は陰に隠れたりするが，オベリスクと呼ばれる静止行動を示すことも多い．これは，腹部末端を太陽へ向けて静止している状態で，体の方向が太陽光線と平行になるため，太陽光の当たる面積が最小になっている．すなわち，胸部に最も輻射熱を得ない姿勢である．

　体温の過度の上昇を抑える行動よりは，低温下において，体温を活動状態にまで上昇させる行動が，冷温帯や亜寒帯，山岳地帯のチョウやトンボで注目されてきた．早朝の外気温が低いときや，日中の活動時間帯に冷涼であった場合，日光浴を行なう種が多く見られている．これを**外温性の体温調節**という．チョウでもトンボでも，太陽光線で翅が熱をもってもそれが胸部に伝導することは少ないので，種によって，翅を閉じて胸部や腹部の側面を太陽に露出したり，翅を開いて背面を露出したりする．このことは，チョウの場合，翅の色彩ではなく胸部や腹部の色彩が体温上昇に重要であることを示している．ウスバシロチョウのように翅が白くて透けているように見える種でも，胸部と腹部には黒

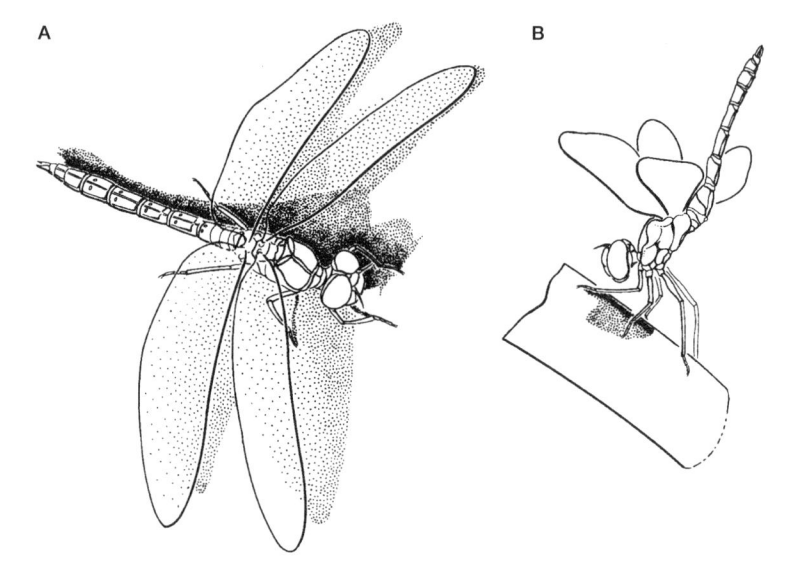

図4-15 アカネ属の日光浴(A)とオベリスク(B). 早朝, 気温の低いとき, トンボは胸部と腹部を太陽にさらすので, 静止しているトンボの影が下に大きく映っている. 一方, 気温が上昇してくると, 静止しているトンボは腹部末端を太陽に向け, 直射光の当たる体の面積を最小にしようとする. この姿勢をオベリスクという. したがってトンボの影は最小となる. Miller(1987)より改変.

い毛が密生していれば, 輻射熱を体温上昇に利用できるのである. しかも黒い毛の密生は, 毛の間の暖かい空気を逃がさない. 一方, トンボの場合, 輻射熱で暖まりやすい石や岩の上に静止して, 先端部が石に触れるほど翅を下げることで, 翅と胸部の間に閉鎖空間を作って, その中の空気を暖めて, 体温の上昇に役立てる種も知られている(図4-15).

低い外気温のときに, 輻射熱を利用せずに体温を上昇させることもできる. チョウやトンボの場合, 飛翔筋を振動させて発生する熱を体温上昇に当てるので, 外部から観察する限り, 個体が「震えて」いるように見える. これを**内温性の体温調節**という.

4.4 生態学的地位

エルトンは,「食う-食われる」の食物連鎖において, 単位面積あたりの個体数を基にして低次の栄養段階からその上の栄養段階に当たる生物を順に積み上

げていくと，そのかたちはピラミッド型になることを示した．もっとも，植物の個体数はその上に乗っていく動物の個体数と比べて莫大なので，この**数のピラミッド**は，裾野が異常に長いいびつなピラミッドではある．その後，いびつさが軽減される**現存量のピラミッド**が提案されたものの，水中のプランクトンなどのように多産で寿命の短い生物からなる群集の場合には，見かけ上，ピラミッドは逆転したかたちとなってしまうことがわかってきた．その結果，今では，**生産力（エネルギー）のピラミッド**が最も三角形に近いピラミッドとなることがわかっている．

　エルトンは，ピラミッドを構成するそれぞれの栄養段階に占める位置を，その生物の**生態学的地位**(ニッチ)と呼んだ．たとえば，アフリカの草原のライオンの生態学的地位を北アメリカの草原ではピューマが占め，アジアの森林でトラが占める生態学的地位を南アメリカの森林ではジャガーが占めていると理解できる．しかし，温帯の草原で草を食べるバッタと，熱帯の草原で草を食べるシマウマは同じ生態学的地位であるともいえ，食物連鎖上の栄養段階のみを用いた生態学的地位の概念は，生物の生活様式が反映されず，行き詰まってしまった．

　ハッチンソン(G. E. Hutchinson)は，生きていくうえに必要とするさまざまな資源とその利用パターンを，理想的には，すべて考慮した位置こそが生態学的地位であると提唱した．たとえば，生息場所の気温や明るさ，湿気の範囲，餌の大きさやメニュー，活動時間などである．これらの次元軸はたくさんあるので，ハッチンソンの提案した生態学的地位は，**多次元的地位**(multi-dimensional niche)といわれることが多い．このようにして見ると，同じネコ科のチーターとヒョウはいずれも肉食で食物連鎖上の位置は似ているが，前者が主に草原で生活しているのに対し，後者は主に林内や樹上で生活しており，生活の場で生態学的地位が違っている．また，タカとフクロウの食性と生活空間は似ているものの，前者は主に昼行性で，後者は夜行性というように，活動時間帯で生態学的地位を異にする．チョウの場合，モンシロチョウとスジグロシロチョウが前者は開放的な環境，後者は閉鎖的な環境を好むというように，異なる生態学的地位をもっていることは有名である．

　異なる地域の生物群集において同じ生態学的地位を占める種を**生態学的同位種**という．特に，大陸間のような非常に離れた地域では，系統的には離れてい

るものの，生態学的同位種といって良いほどの生活史をもつ種も多く見られる．たとえば，有胎盤類のネコやキツネ，モグラなどとオーストラリアの有袋類であるフクロネコやフクロギツネ，フクロモグラなどである．このような種の間では，無機的環境要因（水中や空中，地中など）が厳しければ厳しいほど，生活史ばかりでなく，姿形も似てくるのが普通である．

一つの生物群集内で生態学的地位が重なり合えば合うほど種間競争は激しくなってくる．同じ生態学的地位をめぐって2種が競争すれば，片方の種が排除されることが多い．このように同一の生態学的地位をもつ2種は共存できないことを，ガウゼ(G. F. Gause)は，**競争排除の法則**と呼んだ．このことは，人間によってある地域の生物が他の地域の生物群集に持ち込まれ，生態学的同位種の間で種間競争が起こると，いずれかの種が絶滅することを意味している．

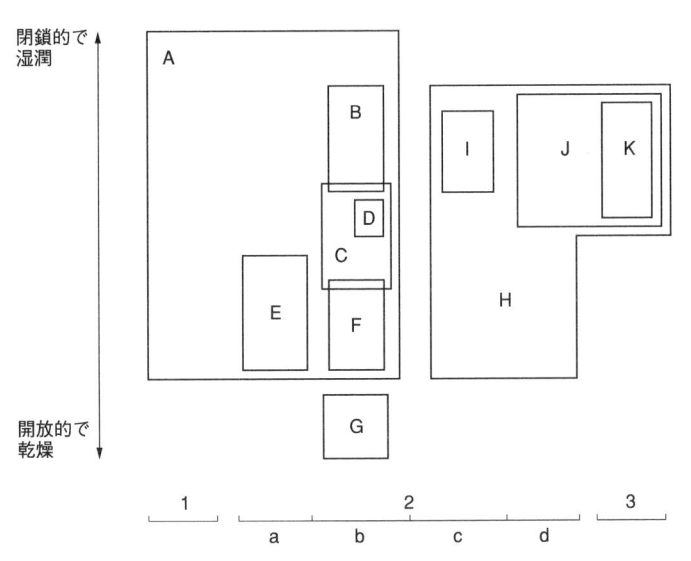

図4-16 幼虫の寄主植物と生息場所の無機的環境から見たモロッコに生息するシロチョウ科の生態学的地位．縦軸は生息場所の無機的環境要因を，横軸には寄主植物が示してある．1はモクセイソウ科(Resedaceae)，2はアブラナ科(Cruciferae)，3はフウチョウソウ科(Capparidaceae)．幼虫が食べる部位は，ロゼット(a)，花序(b)，若い葉(c)，展開しきった葉(d)と分けてある．A：チョウセンシロチョウ(*Pontia daplidice*)，B：クモマツマキチョウ(*Anthocaris cardamines*)，C：*Euchloe ausonia*，D：*Zegris eupheme*，E：*Elphinstonia charlonia*，F：*Euchloe belemia*，G：*Euchloe falloui*，H：モンシロチョウ(*Pieirs rapae*)，I：エゾスジグロシロチョウ(*Pieris napi*)，J：オオモンシロチョウ(*Pieris brassicae*)，K：*Colotis evagore*．New(1997)より改変．

Box-2 戦略と戦術

　我が国において，孫子の兵法をひくまでもなく，古来，戦略と戦術の本質的な違いを表わすことわざはたくさんあった．「木を見て森を見ず」や「損して得取れ」，「大の虫を生かして小の虫を殺す」，「名を取るより実を取る」，「負けるが勝ち」などである．これらはすべて，長期的視野に立って最終目標を決め，目先ではなく大局的にいくさを進め「最終的に勝ちを収める」ための戦略を導く警句であった．戦略と戦術を区別する軍事的研究は，20世紀になってから，主としてアメリカで始められ，第二次世界大戦後の冷戦を通して特に発展している．そこで用いられていた重要な概念や言葉は，「囚人のジレンマ」や「非ゼロサムゲーム」などの実験心理学やゲーム理論の発展に寄与したり，経済学の理論として利用されてきた．その後，1970年代になってから，進化生物学や行動生態学が生物の生活史の解析に応用し出したのである．生き物同士で競争したり闘争したりすることを「戦争状態」と考えて，人間世界における国同士の戦争と対比させ，自分自身の遺伝子をもった子孫が増加することを「勝利したこと」とみなすのである．その結果，自然選択によって進化してきた生物のさまざまな行動や生態，生活史戦略などを説明できるようになった．

　最適戦略や進化的に安定な戦略（Evolutionarily Stable Strategy）という議論は，適応度の高い戦略が集団中で頻度を高めていくという前提に立っている．すなわち，異なる戦略の間には，多少とも遺伝的変異を伴っていなければならない．したがって，定義上，1個体が2つの戦略を使い分けることはあり得ず，具体的な行動や振る舞いを変えることのできる場合を「条件戦略」と呼び，常に同じ定型化された行動しか示さない場合を「非条件戦略」と呼んでいる．

　一方，生き物の具体的な行動や振る舞いは目先に具体的な目的のあるのが普通である．多くの場合，彼らは「一生涯における最終的な勝利を洞察」して行動しているわけではない．これらの行動は，ちょうど戦車や戦闘機で目前の敵と戦う方法と対比できるので，「戦術」と呼ばれている．実際の戦闘で勝つためには，敵の種類によって攻撃方法（＝戦術）を巧みに変えていかねばならない．生物界においても，環境条件によって行動や振る舞いをさまざまに変えることのできる種は鳥類や哺乳類に多く認められている．なお，どのような状況になっても同じ戦術しか採用しない種は昆虫類に多い．

　植物の場合でも，戦略と戦術は，はっきりと分けて考えられる．たとえば，変動している環境において，休眠種子を作れる種があったとする．このとき「ある

> 割合で休眠種子を作る」ということが戦略で，休眠に入るかどうかという個々の種子がもっている「選択肢」は戦術である．もちろん，休眠種子を作る割合は個体間に生じる遺伝的変異に依存するが，同じ個体から生産される休眠種子と非休眠種子の間には，その割合に関する遺伝的違いはない．したがって，休眠するかしないかは，それぞれ条件戦略として取り得る表現型といえる．

オーストラリアでは，有胎盤類の持ち込みによって対応する生態学的地位にある有袋類が絶滅の危機に瀕している．我が国でも，熱帯アジアから生きたまま輸入されたタガメやクワガタの近縁種が野外に逃げ出して在来種の生存を脅かしたり，交雑したり，不法に放逐したチョウが定住してしまったりした例（ホソオチョウやアカボシゴマダラなど）は，枚挙にいとまがない．とはいえ，これらの問題に警鐘が鳴らされても，具体的な定量的モニタリングや他種への影響は調査されてこなかった．

なお，競争排除則があっても，種間競争よりも種内競争が強い場合，生態学的地位の等しい2種が共存することのある場合が，実験的にも，数学モデルとしても，明らかにされている．

4.5 繁殖戦略

(1) 雄の雌獲得戦略

動物の配偶行動に関する研究は，この30年ほどの間に，行動の解発因の解析から行動の意味・役割の解析へと変化してきた．このような研究の流れは遺伝子の生残を中心として考える社会生物学(≒行動生態学)の台頭と流布に一致し，雌の子孫に与える投資量は雄よりも圧倒的に多いという一般則が出発点となっている．いうまでもなく，産下卵は精子に比べてはるかに大きい．生産コストはたいへん高くなるので，雌の最大の関心事は生涯の総産下卵数の可能な限りの増加であり，配偶行動の目的は，産下した卵が健全に発育できるような「良い」遺伝子をもつ精子の獲得といえる．このように進化してきた結果，多くの昆虫類では，通常に産下された卵はほとんどすべて孵化できるので，雌の実際の産下卵数が直接次世代へ寄与するといえ，これが雌の繁殖成功の指標と

A　コヒオドシ

B　キマダラジャノメの一種

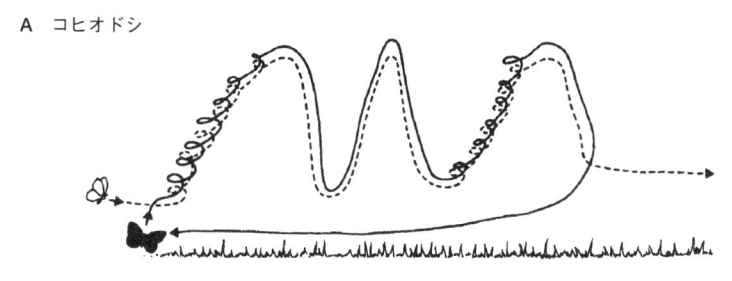

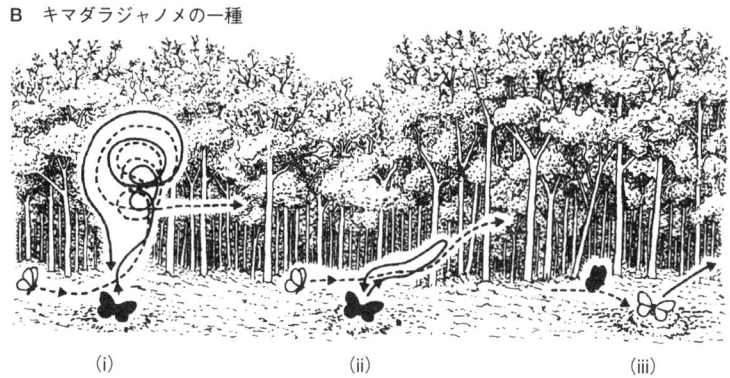

(i)　　　　　　　　　(ii)　　　　　　　　　(iii)

図4-17　チョウの雄の縄張り闘争の例．Aは草地性のコヒオドシ*Aglais urticae*の雄（黒く塗りつぶしてある）が侵入してきた雄に対して示す螺旋飛翔と上昇飛翔．Bは森林性のキマダラジャノメの一種*Pararge aegeria*におけるギャップ（植物生態学的な意味ではなく，陽斑点＝木漏れ日の落ちている林床とでもいうべき場所）占有の闘争飛翔．iは螺旋飛翔で黒く塗りつぶしてある占有者の勝ち，iiは単なる追い出しで占有者の勝ち，iiiは顕著な闘争飛翔なくして侵入者が勝った場合を示す．Dennis(1992)より．

なる．

　一方，雄が雌と決定的に異なるのは，精子が羽化後も連続的に生産可能という点である．しかもこの精子は量産してもエネルギー的にはコストがほとんどかからないばかりか，雄の体内で精子は枯渇しないので，雄はいついかなるときでも雌と交尾できると考えられてきた．精子数は卵と比べて桁外れに多い．この多量の精子がたった1回の交尾で雌に注入されるので，雌は1頭の雄と交尾しただけで，もっているすべての卵に受精させても余りある数の精子を受け取ってしまうことになる．それにもかかわらず，雌は複数の雄と交尾するのが普通なので，雄の繁殖成功とは，首尾良く雌と交尾（＝連結）できた場合ではなく，実際に雌へ精子が移送され，その精子が卵の受精に用いられたかどうかまで待たねばわからない．

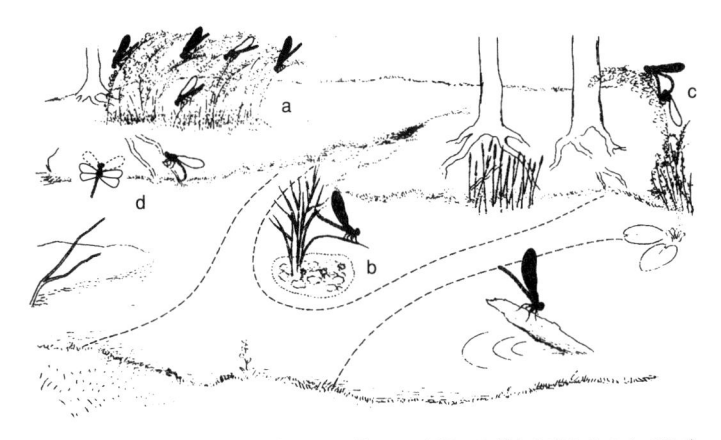

図4-18 アオハダトンボ属の縄張りの例．a は水辺から離れた草むらの中で過ごす性的に未熟な成虫を表わしている．b は性的に成熟した雄が，産卵場所を中心として縄張りを作り，静止して侵入者を見張っている様子を示す．c は交尾中である．d は産卵中の雌を警護している雄である．d'Aquilar et al.(1985)より改変．

ナミアゲハの場合，羽化直後の雌は数百の卵をもっているが，実際に産む卵の数は，その半分から3分の2にすぎず，一方，1回の交尾で受け取る受精に与れる精子の数は数千から1万にも上っている．しかも雌は生涯に平均3回は交尾するので，1頭の雌が生涯に受け取る精子数は，実際に産下される卵の60倍を超してしまう．したがって雄の立場からすると，どれほど多くの雌と交尾しても，産下される卵が自らの精子で受精されていないと繁殖成功度は高められないので，ライバルの雄の精子の不活性化や，雌が当分の間再交尾できないようにさせる機構などが進化してきたと考えられている．

雄が行動圏内の特定の地域を占有し，他個体の侵入を防ぐ縄張り行動も，雄の精子の授精の観点から解析されるようになってきた．すなわち，縄張りは，それを守るために費やすエネルギーや時間などの損失に比べて，縄張りをもつことによって自己の子孫をできるだけ多く残せるという場合にのみ成立する．たとえば，トンボの雄は，配偶者としての雌の確保を主な目的として産卵場所に縄張りを作っている．これを繁殖縄張りと呼ぶ．

カワトンボの場合，橙色の翅をもった雄は田の傍の小川などで縄張りを作り，他の雄が侵入すると追い払う．雌が入ってくると交尾し，その雌がその場で産卵を終えるまで警護する．雌が他の雄と再び交尾すると自分の精子が卵の受精に使われる可能性が低くなるからである．一方，透明の翅をもった雄は縄張り

を作らず，橙色の翅をもった雄の縄張りの近くに定位し，縄張りへ入ろうとする雌を捕まえて交尾しようとしている．このような繁殖システムが理解されるようになったのは，これらのトンボが，交尾中に精子置換を行なうことが明らかにされたからである．

(2) 雌の交尾戦略と多回交尾制

多くの昆虫類にとって，交尾中は活発に動けないため天敵に狙われやすい．交尾時間が長くなれば，産卵活動や摂食活動の時間が減ってしまう．したがって，もし交尾が受精に与れる精子の獲得だけを目的としているなら，雌は交尾回数を減らそうと努力するにちがいない．しかし，アゲハ類やシロチョウ類の雌は，世代によっても，年によっても，個体群密度によっても，生涯の平均交尾回数は変わらなかった．すなわち，雌は自ら進んで一定の数の再交尾を受け入れていたのである．

一般にチョウの雌の場合，交尾時に雄から注入される精子の入った精包は栄養分に富んでいるため，吸収されて，雌の体の維持や体内における卵成熟のた

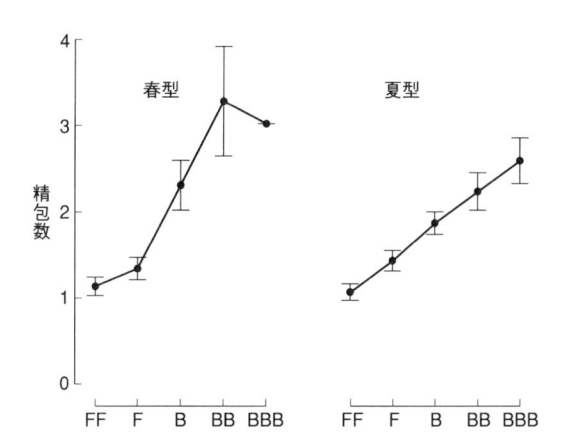

図 4-19 野外におけるナミアゲハの雌の交尾回数．横軸は羽化後の齢を 5 段階で表わし，FF が羽化後間もない個体を，BBB は翅がボロボロになった老齢の個体を示す．縦軸は，雌の交尾嚢内の精包数で表わした交尾回数である．この図から，春型の雌も夏型の雌も，生涯に 3 回は交尾していることがわかる．なお，この生涯交尾回数は，年や地域個体群によって大きく異なることはなかったので，雌の交尾受け入れ頻度は雄密度に影響を受けているわけではない．すなわち，雌は自ら望んで最適交尾回数を決めている可能性がある．

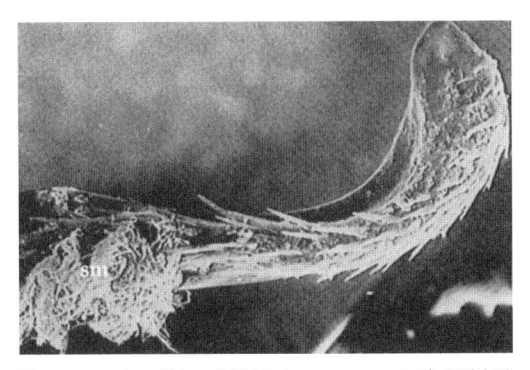

図 4-20 アオハダトンボ属(*Calopteryx maculata*)の副生殖器(実質的なペニス)の先端の拡大部の電子顕微鏡写真.逆向きに付いた棘がブラシのように付いていて,これを用いて雌の受精嚢内にためられている以前に交尾した雄の精子をかき出している.自らの精子はその後に注入する.これを精子置換という. Birkhead & Møller(1998)より.

めに用いられている.この精包が重要なエネルギー源であり,雌にとって必要不可欠であることは,アメリカのモンキチョウの仲間で,交尾嚢内の精包が小さくなった雌は,雄を追いかけて交尾を迫るという例で明らかにされた.もちろん,雌は精子ではなく精包の栄養を獲得したいからであり,これによって寿命は延び,産下卵数が増え,適応度は上昇する.

　複数の雄と交尾を行なうことで,雌は,優れた遺伝子を自らの卵に受精させる可能性を高めるのかもしれない.複数回の交尾によって注入された精子の中から,最も良いと思われた精子だけを選び,卵に受精させれば良いからである.ただし,このような雌の戦略に対抗する手段を雄も進化させてきた.トンボの場合,交尾中,雄のペニスの先端から伸びた鞭毛は雌が交尾嚢内にためていた精子をかき出してしまう.自らの精子はその後に注入するのである.しかし,雌が精子を選ばなくとも,複数の雄と交尾すること自体が,結果的に,遺伝的に多様な子孫を残すことになっている.交尾した雌が産卵しながら新たな生息場所へやってきたとき,その場に適応して生息している雄と再交尾し,その雄の精子で受精した卵を産むことは,結果的にそれぞれの環境に適した遺伝子をもつ子孫を産むことになるからである.

　チョウの雄は 1 回の交尾で 1 個の精包を雌の交尾嚢内に注入し,その大きさやかたちは種特異的であるものの,一般的には球形ないし涙滴型である.雄は

交尾開始後，まず雌の交尾嚢内にゾル状の物質を送り込み，その表面が交尾嚢内で徐々に固まって袋状の「精包」が形成される．精包は交尾終了後，次第に雌に吸収されるので，一定期間経つと変形していびつなかたちとなってしまうが，交尾嚢内で完全に消滅することはなく，残存している精包の数を調べれば，その雌の交尾経験を推定できる．

　雌の生涯交尾回数は種によってかなり安定しており，モンシロチョウの場合，個体群密度や環境条件の異なる世代においても，平均3回である．このように雌が多回交尾する種はシロチョウ科やアゲハチョウ科ばかりでなく，セセリチョウ科やマダラチョウ科でも知られている．しかし，キアゲハやウスバシロチョウ類，タテハチョウ類，ベニシジミなどは単婚制であり，初回の交尾で異常に小さい精包を受け取ったような特別な雌の場合を除いて，再交尾はしない．すなわち，チョウの雌の繁殖戦略には単婚制から多回交尾制までの広い変異が存在するといえる．

(3) 産卵様式

　幼虫時代は寄主植物上で比較的動かずに生活するチョウの場合，交尾をして体内に精子を蓄えた雌は，寄主植物を探して産卵を開始することになる．普通，雌は視覚によって寄主植物を探し，次に嗅覚を用いて確認し，前肢などの触覚によって最終確認してから産卵するといわれている．アゲハ類やシロチョウ類では，孵化幼虫にとって最も摂食しやすい寄主植物の部位，特に新芽や新梢に卵が産み付けられることが多い．一方，ジャノメチョウ類のある種では寄主植物の集団の中に放卵し，シジミチョウの仲間ではアリの巣の傍に産卵するという．1個ずつ産卵する種が多いが，ギフチョウのように卵塊産卵する種も知られている．

　チョウと比べて，トンボの産卵行動は，交尾行動の多様さとともに，多岐にわたっている．すなわち，雌が単独で産卵する種ばかりでなく，雄が産卵中の雌を警護する種や，連結態で産卵する種も多い．これらの多様さは，トンボの雌が多回交尾しがちであり，その際には精子置換が行なわれるという前提に対して，雄が適応進化させた産卵習性であるというのが，現在の最も妥当な説明となっている．産卵場所も多様で，空中から卵をばらまくナツアカネやノシメトンボ，水面から数mの高さにある木の枝に産卵するオオアオイトトンボ，水

図 4-21 水田の上に伸びているミズナラの枝(高さ約 5 m)に産卵しているオオアオイトトンボの雌雄．翌春に孵化した 1 齢幼虫は，真下の水面に向かって飛び降りることになる．

生植物の組織内に卵を産み込むイトトンボ類，潜水産卵するアオハダトンボの仲間，打泥産卵するアキアカネ，打水産卵するシオカラトンボなどが挙げられる．

(4) 産下卵数

　一般にチョウの雌は成虫時代に新たな卵を生産しないと考えられているので，羽化直後の雌を解剖したときに体内で見られた卵数が蔵卵数といえる．これまでに多くの種で蔵卵数が調べられ，オオアメリカモンキチョウ *Colias eurytheme* で約 700 卵，エゾスジグロシロチョウで約 440 卵，モンシロチョウで約 550 卵などと報告されてきた．

　羽化直後の雌の保有する卵のほとんどは小さく，卵殻は形成されておらず，卵黄も充分に蓄積されていない「未熟卵」である．実際に卵を産下するためには，これらの未熟卵それぞれに栄養物質を与えて発育させる必要があるので，雌は多くの栄養物質を取り込んで体内に蓄積しておかねばならない．とはいえ，幼虫時代の摂食量には限りがあり，成虫の体の大きさにも限界がある．したがって，雌の実際の産下卵数は，雌が獲得した栄養物質を体内の未熟な卵へどれだけ分配できたかで決定され，羽化時にもっていたすべての卵を産下できるわけではない．

　これまで，チョウの雌は，体内の未熟卵を成熟させるために与える栄養を，

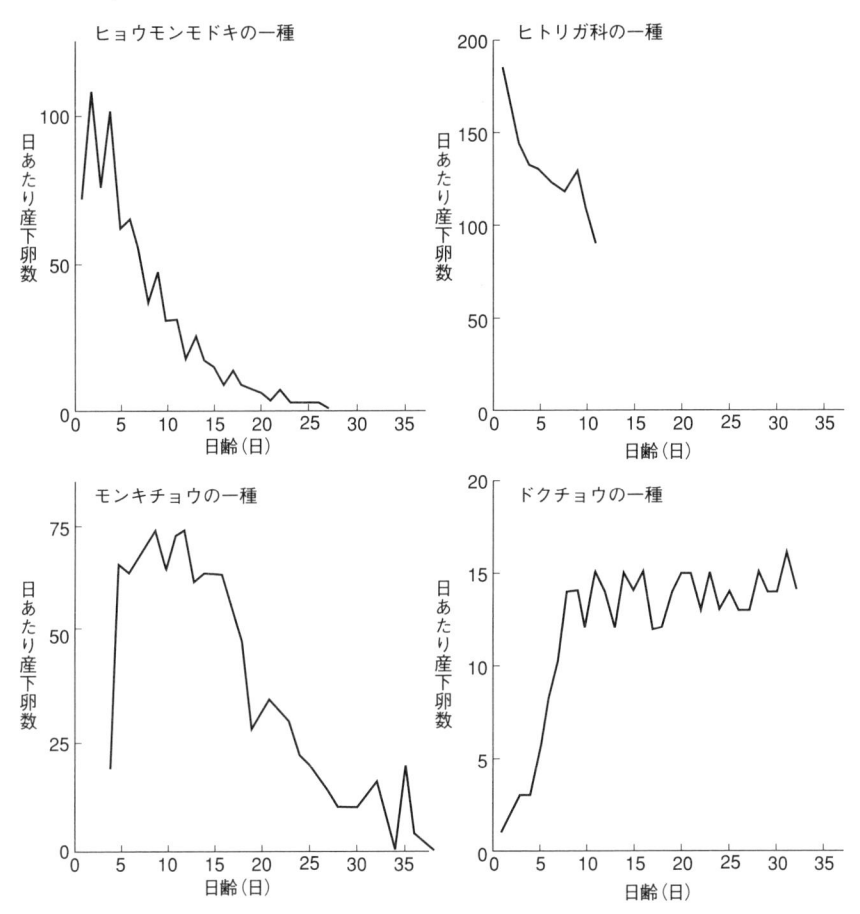

図4-22 日齢と産下卵数.3種のチョウと1種の蛾について,室内で羽化させた後,直ちに交尾させた雌の日あたり産下卵数を示すが,縦軸の目盛りがそれぞれの種で異なっていることと,種によって寿命が極端に異なることに注意が必要である.なお,この実験では,雌に多回交尾させていないので,野外での産卵過程を反映しているか疑問であるとともに,この図から総産下卵数を求めることはできない.Ehrlich & Hanski(2004)より改変.

幼虫時代に摂食して脂肪体として蓄えた栄養物質に頼っていると考えられてきた.成虫が花粉を「食べる」ドクチョウの仲間を除くと,一般に,成虫時代では糖を主成分とする蜜しか摂取しないからである.糖は分解されて活動のエネルギー源とはなっても,卵を大きく成熟させる栄養には使えない.実際,幼虫時代に蓄積した栄養だけでは,羽化直後の雌の蔵卵数の半分も成熟させられないことがナミアゲハで示されている.

近年になって，チョウの雌は，卵に与える栄養物質の一部を交尾を行なった雄から得ていることが明らかにされた．交尾終了後，精包は雌の交尾嚢によって徐々に破壊され，雌の体内に吸収されていく．ナミアゲハの雌では，精包の崩壊は交尾終了後3日目から始まる．このようにして吸収されていく精包には，スクロースやアミノ酸，タンパク質，ステロール，リン酸カルシウム，ナトリウム，亜鉛などの物質が含まれ，それぞれの物質の雌体内での働きや役割が推定されてきた．いずれにしても，1個の精包には15-30卵分の窒素化合物が含まれており，雌の体の維持にも用いられて，雌の寿命を延ばし，結果として産下卵数を増加させている．すなわち，雌が生涯に摂取できる栄養源とは，幼虫時代の寄主植物と成虫時代の蜜，交尾によって雄から注入される精包の3種類だったのである．

　精包内の栄養物質が卵成熟を促進し，産下卵数を増やすことができるなら，雌は何度も交尾を繰り返して多くの精包を受け取った方が繁殖成功を高められる．実際，1回しか交尾を行なわなかった雌は齢が進むにつれ産下する卵の重量を減少させたが，多回交尾を行なった雌は齢が進んでも高い水準で卵重量を維持していた．したがって，孵化幼虫の生理的な生存率は相対的に高くなる．一方，ナミアゲハやモンシロチョウ，スジグロシロチョウ，タイワンモンシロチョウ，オオカバマダラにおいて，多回交尾を行なった雌が1回しか交尾しなかった雌に比べて産下卵数の多かったことが実験的に示された．しかし，多回交尾と産卵過程を野外における生息地選択との関わりで検討した研究は少ない．

　羽化直後のトンボの雌は，実体顕微鏡で確認できるような大きさの卵も卵巣小管ももたず，日齢がPになった頃から体内で卵成熟を開始している．雌が性的に成熟したとき，直ちに産卵できるような「成熟卵」と「亜成熟卵」，「未熟卵」の区別は付くようになるが，未熟卵の存在する卵巣小管の数はきわめて多い．たとえば，ノシメトンボの場合，日齢Mの雌は約400本の卵巣小管それぞれに約22個の未熟卵をもち，日齢MMMでは卵巣小管1本あたり17個になっている．すなわち，雌の蔵卵数は8800卵を超え，そのうちの2000卵以上をMMMまでに産んでいることになる．体の小さなイトトンボの卵巣小管数は，アオモンイトトンボで270本，モートンイトトンボで100本という記録があり，それぞれの卵巣小管あたりの未熟卵数は18個と15個である．蔵卵数は5000と1600と計算され，成熟卵の数も前者で多く後者で少ない．これに対

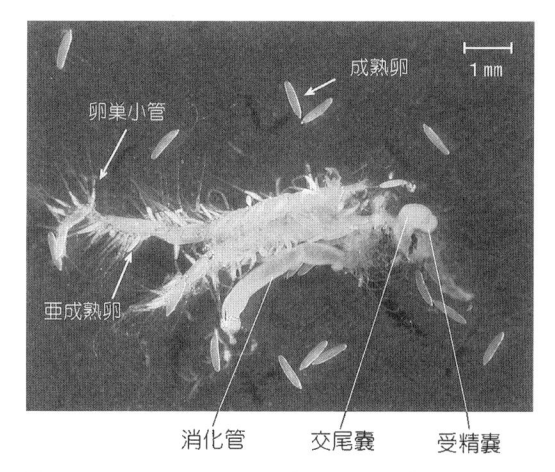

図 4-23 ヒヌマイトトンボの日齢 M の雌の腹部の解剖写真．毛のように見える卵巣小管は約 150 本あり，1 本の卵巣小管には 15 個弱の未成熟卵が数えられる．したがって蔵卵数は 2000 を超えている．

応して，前者の成熟卵は小さく，後者では大きい．トンボの雌も多回交尾を行なうのが普通であるが，このとき，雌が利用できるような栄養物質は雄から注入されないので，卵成熟のための栄養摂取は，雌の自助努力となる．すなわち，雌がどれだけの卵を成熟させて産卵できるかは，羽化後の未熟期に，どれだけたくさん摂食できたかと関係があるといえ，未熟期の生活場所選択は，生涯産下卵数の増加にとって重要な問題であるが，摂食量と体内の卵生産の関係の研究は緒についたばかりである．

(5) r-, K-戦略

現実問題として，内的自然増加率 (r_0) を最大限に発揮できる場は実験個体群を除いてあまり例がない．何しろ個体群が限りなくゼロに近い場合を意味するので，野外の場合，雌雄は出会えない可能性がある．しかし，突然生じた生息地（たった 1 本の大木の倒壊でも良いし，崖崩れや伐採跡地など）に真っ先に飛来したたった 1 頭の雌がイヴとなって卵を産下したら，そこから出発した個体群の増加率は教科書どおりかもしれない．とはいえ，こんな生息地がいつでもどこでも生じるわけがないのに，他種や他個体よりも早くそういう場を見つけなければならないので，たくさんの子孫を周囲に絶えずばらまき続ける必要が

あった.ただし,これらの個体のほとんどすべては新しい生息地にたどり着けずに死んでしまうのである.このように生活史を進化させてきた種を r-戦略者,この対極を K-戦略者と呼ぶ.前者は小卵多産(したがって多死),後者は大卵少産(したがって少死+仔の保護)の生活史戦略が基本なので,自然環境条件の悪い場所には r-戦略者が多い,などと環境保全のための指標に使える武器の一つとなっている.

　繁殖行動の解析が「社会生物学的興味」の側面からの研究であるとしても,それぞれの習性観察の蓄積が昆虫類の生活史戦略を明らかにしてきたことに間違いはない.1970年代に確立した r-,K-戦略の概念をトンボに適用すると,前者の生息地は攪乱された場所や植生遷移の初期と考えられるので,不安定な環境で生息するのに適した生活史をもち,後者は,植生遷移でいえば後期に当たる「安定した生息地」に住んでいることになる.したがって,都市部にやってくる蜻蛉目は r-戦略者が多く,山地帯などの人間生活の影響があまりない場所には K-戦略者が住んでいるといえよう.たとえばシオカラトンボ属の場合,シオヤトンボが K-戦略者でシオカラトンボが r-戦略者である.実際,シオカラトンボは広大な水田にも,人家の庭の小さな池にもやってきている.このことは,生活史戦略がある程度解明されているトンボであるならば,環境指標になり得ることを意味している.もちろん,K-戦略者のいた方が人間の手があまり入っていない場所と評価するのである.

　厳密にいうと,r-,K-戦略の概念は相対的なものであるため,比較対照とする生物(ないし分類群)は2種以上を必要とする.産卵過程や生息場所の環境を比較することは,「生活史戦略」の総体の理解につながっていくので,トンボの場合なら,陸域と水域の両者を理解せねばならない.

4.6 移動と渡り

(1) 日々の移動

　チョウやトンボの幼虫時代は,寄主植物上に留まったり,水域で生活したりして,広範囲の移動は行なわない.ところが,一旦羽化して成虫となると,その活動範囲は比較にならぬほど拡がっていく.チョウの場合,雄は活発に飛翔

Box-3　r-戦略者とK-戦略者

　マッカーサーが手がけた生態学の概念は，r-，K-戦略だけではない．特に数理生態学の分野における「多様性指数」や「種数-個体数関係」，「島の生物地理学」などは，現在の保全生態学の基礎理論といえるほどである．これらの概念の多くは，「生物は，結果として，絶滅を防ぐような生活史戦略を進化させてきた」を基礎においている．r-，K-戦略の場合，個体群密度が低くて餌密度が高いときにはr選択圧がかかり，その逆ではK選択圧がかかるという．この理論は，その後ピアンカ($E. R. Pianka$)をはじめとする多くの研究者によって発展し，以下の表のようにまとめられる．しかし，分類群によってはこのような二分法に対応しなかったり，逆の現象が生じたりする例も指摘されてきた．したがって，r-，K-戦略を適用するには対象となる生物(群)の生活史を注意深く理解する必要がある．

表　r-戦略者とK-戦略者の特徴．

	r-戦略者	K-戦略者
生息場所の気候	不規則で大きな変動	安定または周期的変動
生息場所の遷移段階	初期	後期
進化する性質	小さな体 雌に偏る性比 雌は雄より大きめ 速い成長 小卵多産 1回繁殖 短命 子孫へ少量投資 スクランブル型種内競争 偶然による定着性が高い 高い分散力	大きな体 性比は半々 雌は雄より小さめ 遅い成長 大卵少産 繰り返し繁殖 長命 子孫へ大量投資 コンテスト型種内競争 定着性は予測可能 低い分散力
個体群密度	大きな変動 密度独立的変動 しばしば大発生	安定 密度依存的変動 大発生は起こさない
具体例	昆虫　　　　　　　vs モンシロチョウ　　vs シオカラトンボ　　vs	脊椎動物 スジグロシロチョウ シオヤトンボ

して交尾相手を探索し，雌は散在する寄主植物に選択的に産卵する．トンボは，毎日のように，寝場所と産卵場所の水域を往復する．

　アゲハ類の成虫の飛翔経路にはある種の制約のあることが知られてきた．たとえば，キアゲハは明るい草地を好み，ナミアゲハは森と草地の間を好んで飛翔し，クロアゲハやモンキアゲハなどの黒色系アゲハ類の飛翔経路は林内やギャップである．ただし，このような経路をきちんと守って飛翔するのは雌よりも雄が多い．したがって，一般にいわれる「蝶道」とは，たいていこのような雄たちが辿る飛翔経路を指している．低山地帯におけるナミアゲハは相対照度が10％から50％の地点を好んで飛翔し，これ以上の明るさのところでは，チョウは飛翔しても経路は一定せず，これ以下の明るさのところでは飛翔しない．相対照度が10％以下とは樹冠の鬱閉した閉鎖林内を，50％以上とはあまり遮蔽物のない草地を意味している．すなわち，ナミアゲハは林縁部を好んで飛翔しているのである．

　モンシロチョウの場合，雄は定着性が強く，雌は分散力が強いと考えられてきた．雌がさまざまな生息場所を訪れて卵を産下して回るとき，自らの卵の生存能力を上げるためには，その場での生存に適した遺伝子を産下卵に授精させておくことが必要である．すなわち，雌が新たな産卵場所に到達したとき，以前の産卵場所で交尾した雄の精子で受精した卵を産下するよりは，その場で羽化したと思われる雄と新たに交尾し直して，その精子で受精させた卵を産下させた方が良い．雌が生涯に複数回交尾するのは，結果的に，このような目的も満たしているのである．

　寝場所と産卵場所を往復するトンボにとって，特定の飛翔経路が存在することは知られていない．たとえば，マユタテアカネやノシメトンボが寝場所から水田へ繁殖のために出撃してくるとき，林内や林縁部のさまざまな場所から舞い上がり，水田へ舞い降りてくる．水田から寝場所へ戻るときも，三々五々舞い上がり，単独で去っていく．一方，オニヤンマのように，縄張りは作らないものの，一定の飛翔経路を往復している種もいる．この経路は蝶道と同様に安定しているが，どのような環境要因によって決定されているのか定量的に調べられたことはない．

（2）齢特異的移動

　羽化したトンボが処女飛翔という特別な衝動によって羽化場所から離れる行動は，齢特異的移動の典型例である．関東地方の水田で生活しているアカネ属の場合，処女飛翔の飛翔距離が最も長い種はアキアカネで，最も短い種はミヤマアカネであった．前者は高原や高い山へ移動して性的に未熟な時期を過ごすといわれ，この時期の平野部は暑い夏の季節に当たるため，アキアカネは避暑に行くともいわれている．後者はほとんど処女飛翔を行なわずに，羽化場所の水田やその周囲で一生を過ごす．アカネ属の他の種はこの中間的な移動を行ない，たとえば，マユタテアカネやノシメトンボは羽化した水田から程遠くない雑木林内へと入っていくのが普通である．7月の里山の下層植生のあたりで見られるトンボで体が黄土色をしている個体は，これらの種の性的に未熟な成虫

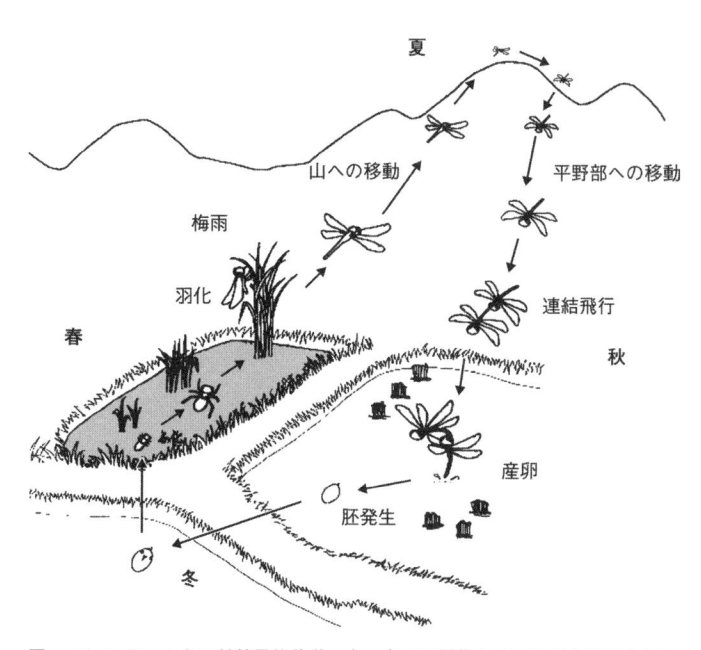

図4-24　アキアカネの齢特異的移動．春，水田で孵化したアキアカネの幼虫は，田の水落とし頃までには羽化し，長距離の処女飛翔を行なう．到着地は「山」といわれ，しばしば夏季の高山帯で，性的に未熟な成虫が観察されている．そこで成熟して体が赤くなった成虫は，平野部の水田に降りてきて，繁殖活動を行なっている．江崎・田中(1998)より改変．

であることが多い．彼らは，性的に成熟して体色が赤くなってから，再び水田を訪れ，繁殖活動を開始する．

チョウの場合，トンボのようなはっきりとした齢特異的な移動は示さないが，羽化後間もない雌は分散しがちで，雄は定住しがちであるという観察例は多い．北海道のエゾシロチョウの場合，寄主植物シウリザクラの枝に付いていた蛹から羽化した雄は，林道沿いに飛翔して別のシウリザクラに到達すると，その周囲を飛び回りながらその木の枝に付いている蛹から羽化する雌を待ち受け，羽化した雌の翅が展開しきるのを待たずに交尾を開始する．交尾終了した雌はその場で1卵塊は産卵するものの，直ちに分散し，幼虫時代を過ごしたシウリザクラに戻ってくることはめったにない．

成虫のまま休眠(越冬や越夏)するチョウは，羽化後，しばらくの間，吸蜜場所を求めて飛び回ったり，休眠しやすい場所へ移動したりする．このときの個体の卵巣や精巣は発達しておらず，トンボと同様に，性的に未熟な時期といえる．休眠終了後の個体は，たいてい性的に成熟しており(あるいは，急速に成熟する)，休眠場所から移動・分散するといわれている．

(3) 渡り

個体群はいつも同じ生息地に留まるとは限らない．群れで長距離を移動する魚や鳥のうち，繁殖地と越冬地の間を毎年定まった季節に示される移動は，渡りと呼ばれてきた．たとえば，初夏から夏にかけて日本へやってきて繁殖し，秋に南方に渡っていくツバメはよく知られている．なお，魚などが食物や好適な水温を求めて移動することを回遊という．したがって，渡りとは「さまざまな要因によって，一定の期間内に生息場所を移動する振る舞い」と，魚類などの回遊とは異なる定義が与えられている．1960年代までは，これらの長距離移動の機構について生理学的側面からの研究が盛んであったが，現在，それに加えて，移動する個々の個体の利益(適応度)について研究されるようになり，「渡り」の定義は厳密に与えられるようになってきた．その結果，これまで「渡り」とみなされていた昆虫類の長距離移動が否定される場合が生じつつある．

北米のオオカバマダラは群れて渡りをするチョウとして有名で，春にメキシコから北上を開始し，夏にはカナダまで達し，秋になると再び南下するという．

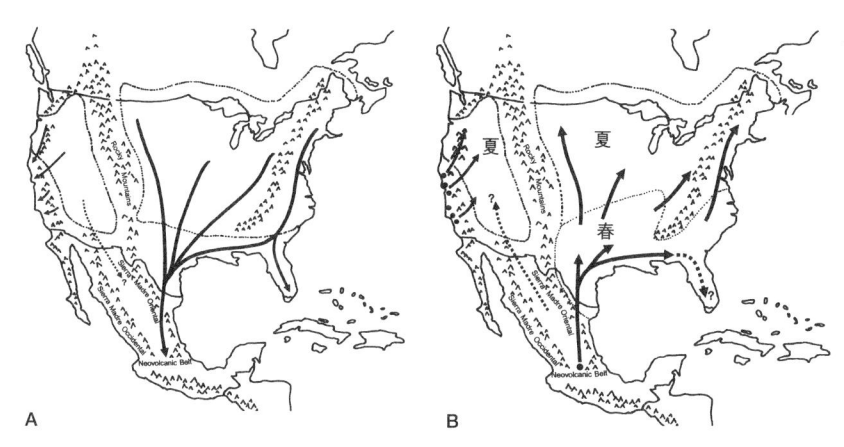

図4-25 アメリカ大陸におけるオオカバマダラの渡りの経路．Aは秋，Bは春から夏にかけての経路で，点線は推定である．Oberhauser & Solensky(2004)より改変．

この間にさまざまな渡りの中継地点で産卵するので，鳥の渡りのように，同一の個体が北上・南下して元の地点に戻るわけではない．また，ヨーロッパのオオモンシロチョウやモンシロチョウなどでは，ときとして，大群で海を渡るところが発見されている．

　アサギマダラは我が国で長距離移動する種としてよく知られている．近年では，翅に個体識別番号を施して放蝶し，日本各地で再捕獲を試みるという活動が盛んになり，これらの活動がネットワーク化された結果，南北の移動だけでなく，低地と高地の垂直移動の記録も集積されるようになった．しかし，オオカバマダラのように，群れで移動したり，季節によって一定方向へ移動したりすることは明らかになっておらず，この移動が「真の渡り」であるのか「日常的な長距離移動」なのかは充分に検討されていない．

　渡りをするトンボはウスバキトンボをはじめとして，日本以外ではアメリカギンヤンマやヒメギンヤンマなどが知られてきた．これらの種は原則として熱帯地方が発生中心で，温帯地方へと長距離を移動している．ウスバキトンボの場合，春に沖縄を経由して日本列島にやってきた成虫によって産下された卵は，幼虫時代が短いので，短期間で成虫となって，それらの成虫の一部がさらに北上し，この繰り返しによって，秋には稚内まで到達するという．この結果，秋の日本列島は，全域がウスバキトンボの生息地になってしまうのである．晩秋の学校プールには，ウスバキトンボの幼虫がしばしば見いだされるが，これら

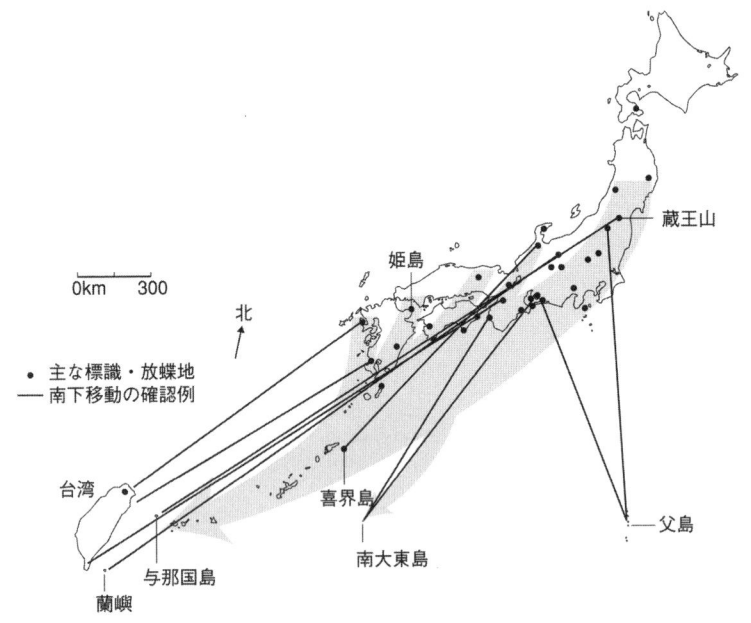

図4-26 夏季から秋季にかけて，日本で標識されたアサギマダラの南下経路．濱田(2007)より改変．

の幼虫が冬を越すことはない．したがって，日本は，毎年，ウスバキトンボが侵入しては冬の寒さで絶滅しているということになる．分散力が強く，ある程度の大きさの水辺ならば産卵してしまうウスバキトンボの性質は，都市の中にトンボ池を作れば必ずやってくる常連といえ，この種をもって「自然が帰ってきた」とはいえないことに，気づくべきであろう．

5 保全の理念と戦略
——守ってあげたい心はどこに

　1960年代までの古き良き時代のチョウやトンボの研究は，ファーブル的で牧歌的な生活史の解明が主となり，研究者の数も知れたものであった．熱帯などに生息する「新種の発見」から形態学的な立場からの系統樹が再構築されたりして，基礎データが集積される時代であったといえる．もちろん，これらの採集の際に見られた「珍しい習性」の断片はあちこちで記録されていた．しかしその行動の意味するところを正しく指摘することはできず，チョウやトンボの種レベルの生態学的研究は枚挙主義的であったことは否めない．

　実は数ある生物学の学問分野の中で，最初から算数を使い，数学的モデルを操る学問は個体群生態学なのである．中学教育において，理科を「物化生地」という順に並べて（地学は無視して）「（算数を使うから）難しい順」あるいは「（暗記ですむ）やさしくなる順」として「生物」を位置づけていると，顕微鏡を覗いて絵を描いたり，試験管を振ったりするのが生物学と刷り込まれてしまうらしい．算数を扱うのは「生物学的ではなく」て，「本当は難しい生態学」と感じるらしいのである．この印象は2つの効果をもたらした．一つは「できるだけやさしい生態学」を標榜しようとして「生き物のお話」を多用したために，生態学は自然愛好家のものであり，古典的博物学の一種であり，「暗記に磨きをかければ」受験には怖くない科目であると誤解されたのである．生態学が体系だった学問ではなく，花や虫の名前を覚えれば勝ちという巷の風潮は，環境保全の議論の中でも未だに強い．環境アセスメントの事前調査において，採集した昆虫リストを提出しただけで開発予定地域の現状を報告した気になっているからである．もう一つは，徹底的な論理である算術を利用した生物学に魅力を感じてくれた他分野との交流である．今でも，欧米では生物学ではなく，数理や工学，人文など多様な出身の生態学（や生物環境に関する）研究者がかなり存在している．

　我が国におけるチョウやトンボの愛好者数は，人口比で見ると世界のトップ

レベルであるにちがいない．彼らによる種の同定の精度には定評があり，それぞれの種の生活史の造詣にも深いものがある．図鑑やモノグラフの多くは彼らの手によって発行されてきた．各種の自然観察会を開いたり，里山のチョウの生息地を守ったり，「トンボ王国」を作ったり，プールのトンボの救出活動をしたりと，活動範囲は広範囲にわたってきた．しかし，それらの啓発活動が一般に浸透しているとはいいがたい．「トンボの愛好者という趣味人」の「金にならない道楽」と見られていたからである．

　チョウやトンボを主体とした「複合生態系」の概念は欧米で理解されたものの，我が国ではほとんど無視されてきた．そもそも我が国におけるプロの研究者は少なく，チョウやトンボを通した環境保全運動は少数派だったためかもしれない．外圧がなければ日の目を見なかったといえそうである．20年ほど前に，自然保護をはじめとする環境問題の解決方法として，英語圏でランドスケープ（landscape＝景観），ドイツでビオトープ（Biotope ≒ biosphere ≒ ecosystem）という1930年代以来の概念が提唱されたとき，これらの言葉は一部の人々に新鮮に映ったようである．直輸入した造園学などの分野では「人工的に作った自

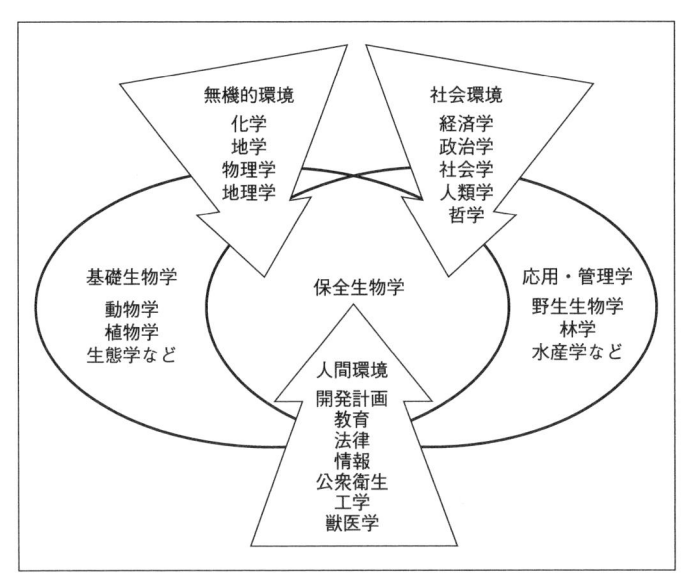

図5-1　保全生物学の位置づけ．保全生態学は保全生物学の中に含まれている．Hunter（2002）より改変．

然」をビオトープと呼び，あたかも本当の自然を創成したかのような錯覚を与えてしまった．

　一部の研究者は「里山の保全」という大義名分を掲げ，そこで生活するチョウやトンボに注目し始めた．しかしこれらの研究は，出発点を「里山景観」と名付けたため，そこに生息するそれぞれの種の生活史戦略を深く吟味していない．その結果，調査場所に，該当する種の存在の有無しか考慮しないような環境影響評価法が多数派となってしまったのである．

5.1 生物多様性

　今日，「人跡未踏の地」といわれるような人間の営力によって作られたのではない「真の自然」は，ヒマラヤなどの高山地帯やアマゾン源流域に拡がる熱帯林，極地方，湿地帯などといった限られた地域でしか見いだすことができない．農業を覚えて以来1万年の間，人間は広大な森林をどんどんと農耕地や放

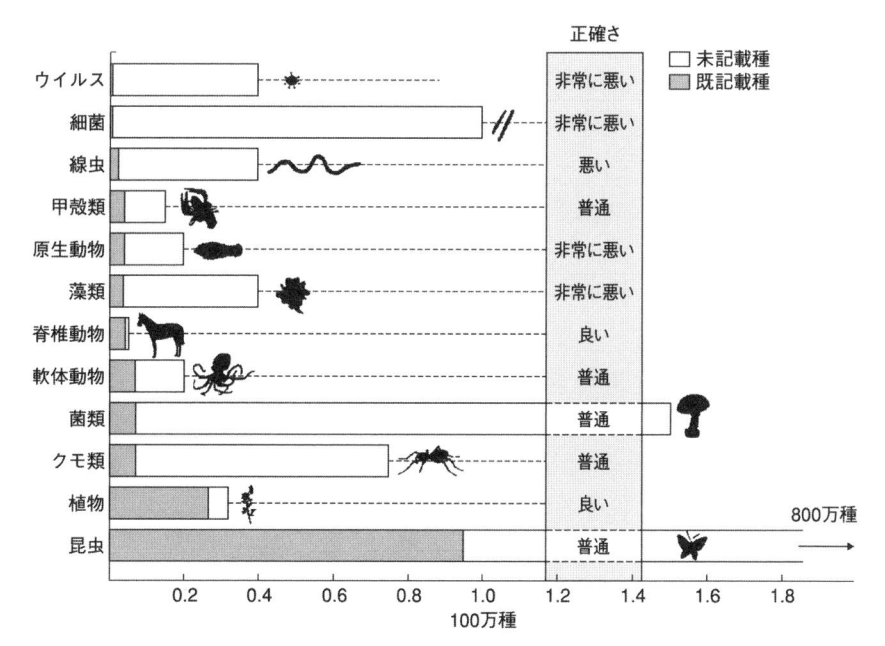

図5-2　これまでに記載された約170万種の生物の内訳と推定されている未記載種の数．推定数を考慮しなくとも，昆虫類の種数が断然多いことがわかる．Primack(2004)より改変．

牧地に変えてきたからである．世界の植生景観は森林から草地へと変化し，サハラ地方やシルクロードは砂漠となってしまった．さらに近年では，農耕地が住宅地や工業用地へと転用されつつある．

　我が国は地形が急峻で複雑なため，大規模な農耕地の拡大は行なえなかった．その結果，利用できる空間を最大限に利用して田畑を作ったものの，その周囲は微地形や微気候を利用して各種の林業用地とされたため，植生景観のモザイク性はあまり損なわれなかったようである．その景観を構成するそれぞれの植生単位は，人家や集落，田畑を中心として人間生活の影響を受けているので，今日でいう「伝統的な里山景観」は至るところに形成されていた．しかも，程度の多少はあれ人間による攪乱要素が入っているということは，その場に本来生存していなかった動植物が在来の生物相の中に侵入・定着していることを意味し，景観という視点から見ると，本来の自然よりもかえって種の多様性の増大した地域も生じている．

　農耕地で生活している動植物の生活史は人間の耕作季節と対応して進化してきた．たとえば，水田における田植え前の水入れと収穫期前の水落としは，ある種のトンボにとって絶好の幼虫の生息場所を提供している．しかしこのような景観が常に生物多様性の維持にプラスの働きをしてきたわけではない．田畑の畦や隣接する林の下層植生が害虫の休息・逃避場所となってしまったため，農薬や除草剤の洗礼を受けていびつな植生景観を示している場所もある．農薬や化学肥料の過度の使用で，農耕地だけでなく周辺の動植物相の単純化は至るところで繰り返し生じてきた．さらに近年の農作業の変化や農耕地の放棄は「伝統的な里山景観」を崩壊させている．

　20世紀後半以降の工業化は，里山景観の変化をはるかに凌ぐ大規模で根本的な土地利用形態の変化をもたらしている．集落と工業用地は拡大し，交通路が網の目状に作られ，金銭的な効率が常に求められてきた．河川は三面張りで直線となり，河畔林は取り除かれ，雑木林は単純な針葉樹林となり，湿地は水を抜かれ，山は切り崩される．変更が部分的であったり，小規模だったりした場合，それ自体は生態学的にほとんど問題にならなかったかもしれない．しかしそれらの変更は年々大規模となり，影響が長期間続くようになったため，今日，景観上からも生物多様性の視点からも深刻な問題が浮かび上がってきたのである．

自然保護や景観保全を語るに当たって生態系やビオトープといった概念を武器とする方法は 1960 年代後半からアメリカで発達した．初期の概念はオダムらに代表される生産生態学(≒生態系生態学)が主流となり，IBP(その後 MAB へ)という国際事業で地球上各地における生産力が研究されてきた．確かに全世界を巻き込んだこのような大型事業は，世界各地の植物群落における太陽エネルギーの固定化の効率を明らかにし，我々人間の「餌」の潜在的生産量を推定することには成功している．また，最適条件下でも，地表に到達する太陽エネルギーのわずか約 2% しか植物は利用できないことが示された．この国際事業の本音の出発点が「生産力の効率化」であることを考えると，皮肉な結果といえなくもない．

　生き物の住む世界は，それぞれの生き物が自分勝手に最も住みやすい場所を探して生活しているように見えても，実際は，複雑な生物の相互関係に大なり小なり縛られて生活していることがわかってきた．そして，それは多くの小地域(patch)に分けられると考えられている．多くの場合，海中から突出した陸地片である「真の」島に対応できるような著しく異なった性質をもつ多種類の生息場所によって囲まれた生息場所の小片である「住み場所の島(habitat island)」として存在している．

　それぞれの「島」の物理的な空間の大きさは，そこに生じる生態学的地位の数を決定している．すなわち，その島に住める種の数は島の大きさでほぼ決まってしまう．たとえば，特定の系統群に属する種の数は，島の面積の 3 乗根(4 乗根の場合もある)のかたちで増加するという経験則がある．S を種数，A を島の面積，C を $A = 1$ のときの S の値とすると，

$$S = CA^{0.3} \quad [\text{すなわち} \log S = \log C + 0.3 \log A]$$

これを**種数-面積曲線**という．これまでに，チョウやトカゲなど，さまざまな分類群で関係が得られてきた．とすれば，この関係式を利用して，未知の「島」の種数を推定することが可能となる．もちろん，たくさんの仮定を必要とするが．しかし，種数だけで勝負するには限界がある．「たまたま採集できた種(あるいは，できなかった種)」の数によって，生物群集の判断が変わってしまうからである．それを克服するためには，調査の精度を上げねばならないが，1960 年代のアメリカのように，一つの小さな島全部をポリ袋で覆って青酸ガスを注入するような荒っぽい研究はもうできないだろう．

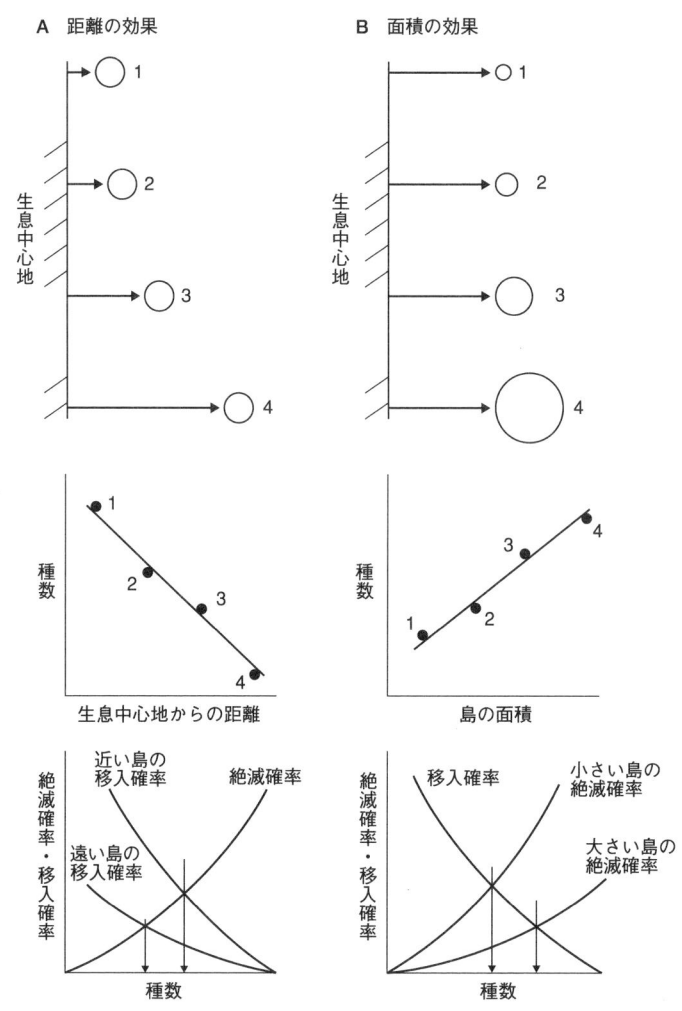

図 5-3 島の生物地理学．A は距離の効果，B は面積の効果のモデルである．前者は，島の面積が同程度であった場合，大陸のような生息中心地から離れた島ほど生息している種数は少ないことを示している．すなわち，面積が同程度なので種数に対する絶滅確率は変わらないが，移入確率が，遠い島では低く，近い島では高いため，両者の交点が，近い島では右に寄ってしまう（種数が多くなる）のである．一方，後者では，大陸からの距離が同程度であった場合，大きな島ほど生息している種数が多いことを説明している．すなわち，距離が同程度なので種数に対する移入確率は変わらないが，島の大きさによって絶滅確率が変わるので，大きい島の交点は右へ寄る（種数が多くなる）ことになる．Dennis (1992) より改変．

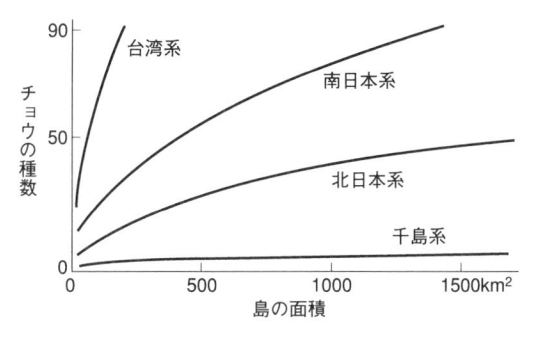

図5-4 本州を最大とする日本の島の面積と生息するチョウの種数の関係. チョウは発生中心により4つに分類されている. 野村(1974)より改変.

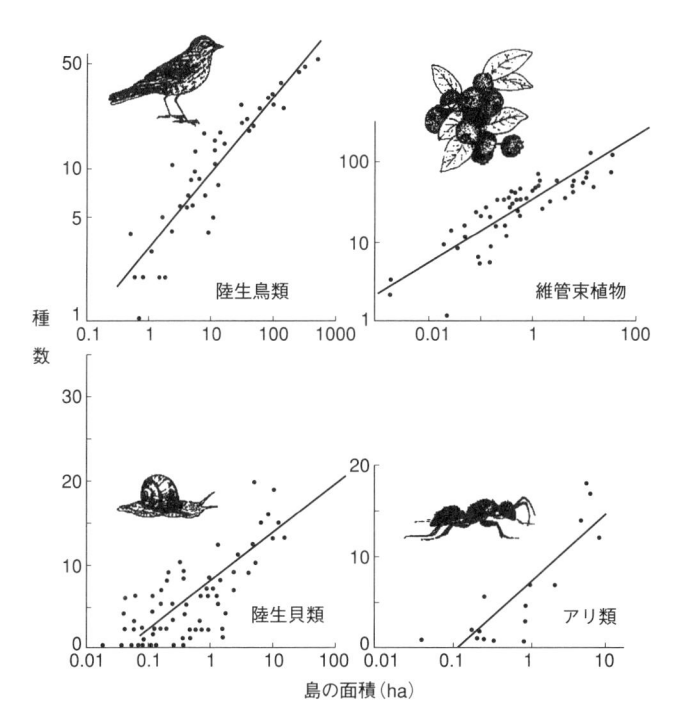

図5-5 さまざまな種数–面積曲線. 横軸は, 生息地ないし島の面積を, 縦軸は各分類群中の種数を示す. すべての横軸の目盛りは対数でとってあるが, 縦軸は対数でない場合もあることに注意が必要である. Hunter(2002)より改変.

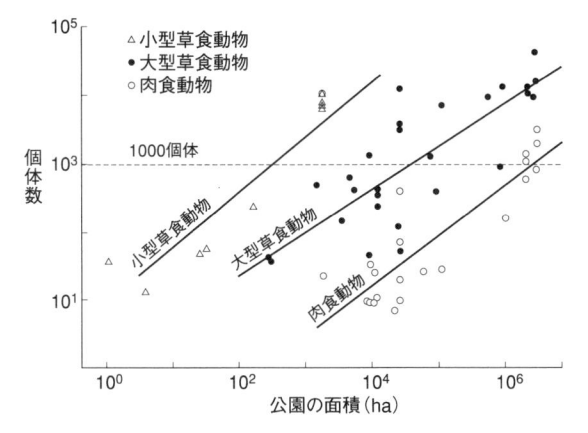

図5-6 アフリカの自然公園の面積と生息している種の個体数の関係．個体数-面積の関係も種数-面積の関係と同様の直線関係を得られることがある．この図から，安定して生息できる個体数の基準を公園あたり1000以上とすると（点線より上），小型草食動物（ウサギやリスなど）だけならば100haあれば良いが，シマウマやジラフなどの大型草食動物の生息を求めるならば1万ha，ライオンやハイエナなどの肉食動物の生息まで要求するなら100万ha必要であることがわかる．Primack(2004)より改変．

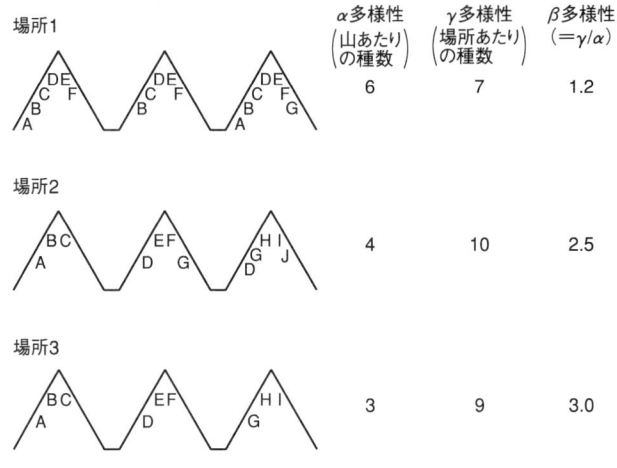

	α多様性 (山あたりの種数)	γ多様性 (場所あたりの種数)	β多様性 ($=\gamma/\alpha$)
場所1	6	7	1.2
場所2	4	10	2.5
場所3	3	9	3.0

図5-7 3種類の多様性指数．アルファベットは生息している種を表わしている．いくつかの種は一つの山にしか生息せず，他は2つ以上の山に生息しているとすると，αとβ，γ多様性は図のように変化することになる．この結果，もし1-3の場所のどれかを保護しようとするならば，最もγ多様性の高い場所2が選択される．しかし，一つの山だけを保護しようとするなら，α多様性の最も高い場所1のどれかの山が選ばれねばならない．Primack(2004)より改変．

種数だけでなく，それぞれの個体数も得て，種数と関係づけることができれば，種数の多少で単純に生物多様性を判断するよりは，信頼性の高い判断が可能となる．横軸に個体数の多い種から順番に並べ，縦軸に対応する個体数をとったとき，これを**種数−個体数関係**という．第1位の種（優占種）から順位が下がるにしたがって，個体数はみるみる減っていくのが普通であり，この減少過程を，元村勲は等比級数則と名付けた．縦軸を対数にとると右下がりの回帰直線が得られるからである．この傾きの値が大きいときは，個体数の少ない種がかなり生息していることを，傾きの値が小さい（角度が急）ときは，第1位の種の個体数が多すぎたり，個体数の少ない種があまりいなかったりすることを示す．したがって，前者は群集の多様性が高く，後者は低いことになる．

種数−個体数関係から群集の多様性を解析する方法は，その後，マッカーサーらによって改良が加えられたり，情報理論による多様性指数が提案されたりするようになってきた．これらの多様性の判断基準は，やや大きめな一様と思われる生息場所同士で比較するうえには有効である．また，この関係を利用して，本来はごく少数生息していたものの，調査時には得られなかった種数を推定する方法も提案されてきた（Box-4参照）．しかし，チョウやトンボで種数−個体数関係を得ることは難しい．複数の生態系を股にかけて活動しているために生息範囲を特定しにくいことや，個体数の推定が簡単ではないこと，調査時間帯とすべての種の活動時間帯が一致しないことなど，調査をするために解決しなければならない問題点が多すぎるからである．チョウやトンボの成虫は，活動時間帯を調査者の人間の都合に合わせてくれない．夏季のスキー場のゲレンデで活動するモンキチョウは，直射光が強く外気温が最高となる正午からの1−2時間は活動を休止しがちである．熱帯から亜熱帯に分布するトンボの仲間では，高温となる日中を避けて，黎明と薄暮にしか活動しない種がいるばかりか，そのうちのどちらか一方にしか活動しない種もいるという．したがって，ある地域の生物多様性を調べるためには，注意深い調査計画を立てねばならないのである．

5.2 絶滅過程

経済的効率の追求を極めれば極めるほど里山景観は軽視され，結果的に人里

Box-4 種数の推定

　途方もなく大きなポリ袋を一様と思われる生息地全体にかぶせて，青酸ガスでも注入すれば，そこに生息していたすべての種を直接数えることはできる．あるいは，24時間，調査者が調査地全体を歩き回って見落としなく数えれば，生息しているすべての種を数えることができるかもしれない．しかし，実際上，このような調査ができない以上，我々が行なえるのは，適正と思われる場所で，適正と思われる捕獲調査を行なって，得られたデータから**全体を推定する**ことである．ところが，多くの自然環境調査では，捕獲したり確認したりした種のリストが提出されるに留まり，そのデータから**調査地全体を推定する**という作業がなされていない．この類の野外調査とはサンプル調査であり，全体を推定することが目的であることに気づけば，限られた予算や限られた調査回数でも，少しの工夫で推定することも可能である．

　一般に，生物群集の種数と個体数の関係は，個体数の多い少数の種とほんの数個体しかいない多くの種から成り立っている．種数-個体数関係の縦軸と横軸を逆に取り，横軸の個体数を対数にすると，総個体数が少ないときはL字型になり，総個体数が増加するとともに，ピークが見えるようになってくる．

　ライトトラップで捕獲した蛾の種数-個体数関係で，横軸に捕獲した個体数を2の倍数ごとに整理したところ，2の3乗(=8)の個体数を捕獲した種数が最も多かった(図1)．すなわち，ここをピークとした切れた対数正規分布となったのである．したがって，さらに調査を繰り返して捕獲個体数を増やせば，ピークはどんどん右へと移動するはずで，左側の隠された部分(さらに稀な種)が見えるようになってくるであろう．この分布を積分すれば，全体の種数を推定できる．これをオクターブ法(octave method)という．

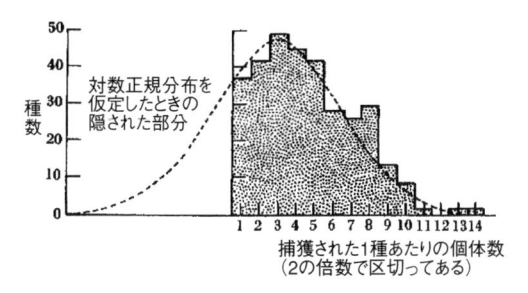

図1　オクターブ法でまとめた蛾の群集．Krebs(1972)より改変．

チョウやトンボの成虫は移動力が大きいので，単純なスウィーピングを行なうだけでは，出現したすべての種とその個体数の関係を把握することは難しい．また，種によって活動時間帯も異なっており，生息種数を推定するための調査を行なうには，さまざまな困難が立ちはだかっている．しかし，一様な環境で比較的安定している群集の場合，コツコツと調査を繰り返すことで，各調査回ごとに付け加えられるべき新しい種は少なくなり，ある一定の上限をもつであろうことが経験的に知られてきている．ここではキリン(Kylin)のモデルを紹介する．

調査日が i から $i+\Delta i$ になったとき，種数 S は $S+\Delta S$ になり，このとき，S と ΔS は直線関係になるので，回帰直線の S 軸との交点 (S_∞) をその地区に生息する全種数と推定する．ただし，この方法は，本質的にはジッピン(Zippin)の個体数推定法(除去法)と同じであるため，野外の実情とは合わない前提条件があることに注意が必要である．すなわち，(1) S_∞ の数だけ種が存在しているという決定論モデル，(2)どの種も同じ個体数で存在しているという非現実性，(3)どの種の個体もすべてランダムに分布しているという非現実性，である．また，S_∞ は過小推定になりやすい．

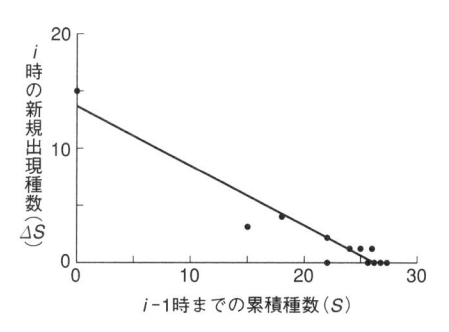

図2　ダラーン(ネパール)の二次植生に生息しているチョウの種数の推定．回帰直線は
　　　$\Delta S = 13.52 - 0.52S$, $r^2 = 0.93$, $P<0.001$
で，S_∞ は 25.8 となる．

生物たちの生活空間は狭められてしまった．この結果は「比較的自然が残された地域」と「工業化された人間生活の場」の緩衝帯の役割も果たしていた「里山景観」の動植物の減少を招いたので，昔ながらの本来の自然の中で生活している動植物の生活空間が人間生活と直接対峙するようになってきている．したがって生活史を著しく特殊化させた種から順番に損害を被り，絶滅の危機に瀕し，実際に死滅していった．もちろん，自然の進化の過程で死滅する種も多い．

その過程は地球の長い歴史の経過の中で生じるものであり，1000年に1種程度と考えられていた．ところが，この最近50年間の絶滅種の増加傾向は異常である．国際自然保護連合（IUCN）の「絶滅の恐れのある種のレッドリスト」2006年版によれば，1600年以降に絶滅した種は698種で，その半数近くは20世紀になってから絶滅したという．3段階（深刻な危機，危機，危急）に分類されている絶滅の恐れのある種の総数は，1996年の5328種から2006年の16118種に増加した．その主な原因として，土地の改変や気候変動，窒素分の負荷の増大，侵入・外来種，乱獲（過放牧，過耕作）の5つは常に指摘されている．

　生活史を特殊化させた種の多くはK-戦略者である．r-戦略者よりも遷移の後半に出現し，体は大きく，寿命も長い．このような特徴は，生息環境が少々悪化したとき，子孫をたくさん残せなくとも，自分自身の体だけなら何とか維持できることを意味するので，長い目で見ないと，個体数が減少しているかどうかわからない場合がある．したがって，生息環境の悪化に気がついたときに，個体群を構成している個体の大部分が老齢となっていたり，繁殖可能な個体が近縁個体ばかりとなっていたりすると，個体数の回復は望めない．そうでなくとも，K-戦略者の増殖率はr-戦略者より低いのである．

　少数の個体から出発して短時間で増加できるr-戦略者は，絶滅するときも速い．生息環境が悪化すれば，直ちにその場を見捨てて分散しがちな性質は，たとえ分散した個体の99％が新しい生息地に辿り着けなくとも，残りの1％の

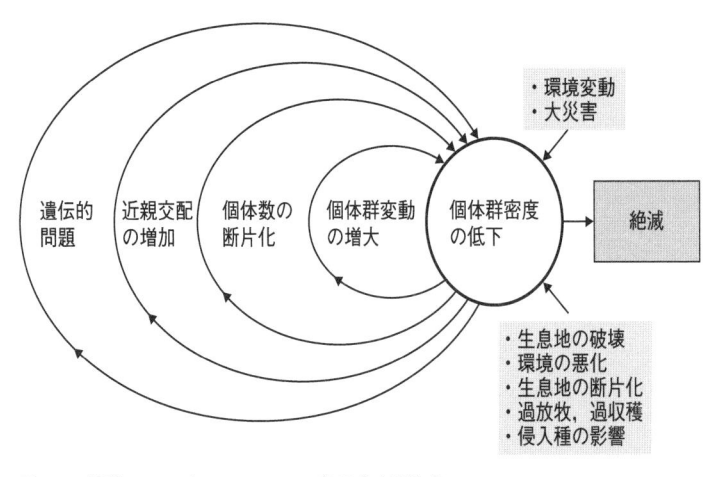

図5-8　絶滅のスパイラル．Primack（2004）より改変．

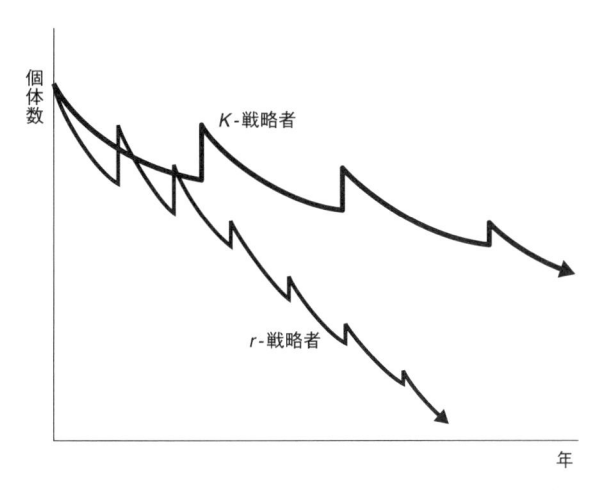

図 5-9 r-戦略者と K-戦略者が減少する場合の模式図.r-戦略者は1世代が短いので,一旦減少を始めると,目に見えて減るのがわかるが,K-戦略者は減少がわかりにくい.

個体さえ生き残れば充分に元が取れるという戦略をもっている.したがって,r-戦略者の絶滅とは,移動分散できる潜在的な距離の中に,新たな生息地が存在しない場合といえよう.ゴルフ場のような150haを超える環境改変を行なっても,比較的多くのr-戦略者が個体群を維持できるのはこのためである.このような視点に立てば,大都市とは,中途半端な分散力をもつ種は生き残れず,長距離移動に長けたr-戦略者のみが生きられるように,結果的に人為的な選択圧をかけているといえなくもない.

5.3 外来種

(1) **害虫**

ウシやブタ,ミツバチなどの家畜とイネやキャベツなどの作物を除いた生き物は,人間生活と関係づけて3つに分類することができる.人間がほとんど足を踏み入れないような場所に住んでいる「野生生物」と,人間が何らかの影響を与えている場所を好んで生息地にしている「人里生物」,人間に直接危害を加えたり,人間生活に必要な動植物(家畜や作物)を摂食したり,それらの成長

を抑制したり，危害を加えたりする「害虫(害獣，雑草)」である．我々人間の存在自体が自然を改変しているので，この定義によれば，我々の身の回りで見られるほとんどすべての生物は，我々の生活場所を多少とも利用して生活している「人里生物」といえよう．したがって，道なき道を踏み分けて高山へと分け入らねば「野生生物」にお目にかかれないのである．また，里山の生物は「人里生物」であり，道ばたに生える草本も「人里生物」であって「雑草」ではない．

　多くのチョウの幼虫が植食性である以上，人間の栽培する植物を寄主植物とする種も多く，結果的に，害虫と見なされる種もある．たとえば，モンシロチョウは我が国でも欧米でもキャベツの害虫であり，アゲハ類はミカンの害虫とされてきた．また，沖縄のバナナにはバナナセセリが，アメリカのアルファルファ畑ではモンキチョウの仲間が害虫となっている．しかし，我が国のモンシロチョウの幼虫がキャベツを如何に食害したとしても，ハスモンヨトウやコナガに代表される蛾類の幼虫の食害に比べれば，その被害は格段に低いと考えたいのはひいき目であろうか．確かに，アゲハ類はミカンの新梢に好んで産卵し，5齢幼虫ともなれば，若い葉を中心としてバリバリと食べてしまう．手荒く幼虫を扱えば，怒って臭角を出して一帯に臭いをまき散らすので，農家にはいやがられることも多い．実際に新芽をかじられたり，1枚でも若い葉を食べられたりすれば，ミカンの生長に影響が出るにはちがいないが，売り物になるミカンの収穫量に大きな影響を与える害虫は，アゲハ類よりもアザミウマの仲間やダニの仲間である．

　いくつかのチョウが害虫と見なされても目の敵にされないのは，幼虫の食害の仕方が作物に対して致死的ではないことや羽化成虫がきれいであること，などとともに，他の害虫に比べて個体数が格段に少ないことが挙げられる．農耕地とは，比較的単一の植生環境が季節によって出現したり消滅したりしている場所であるので，生息環境としては不安定である．それを利用して生活できる種はr-戦略者であり，ほとんどすべての害虫はこの範疇に入り，個体群は大変動を示すことが多い．特に，人為的に農作物を移動させたときにくっついてきたごく少数の雌の子孫が，新たな生息地で爆発的に増加した例は数多く報告されてきた．したがって，個体群密度の低いチョウは害虫になりにくいとはいえ，農耕地で生活できるモンシロチョウやナミアゲハは，他のチョウと比べる

と，r-戦略者的であり，害虫化する一歩手前の種といえるかもしれない．カナダのモンシロチョウは，ヨーロッパ大陸から持ち込まれたキャベツなどとともに侵入した害虫で，1950年代には，農作物に大きな被害を与えたという．

幼虫時代も成虫時代も肉食性のトンボは，普通，害虫にはなり得ない．ヒトや家畜に直接的な危害を与えることはなく，田畑の農作物を食害することもないからである．ただし，水辺にオーバーハングしている樹木の枝に産卵するオオアオイトトンボが，コウゾやミツマタに産卵して，和紙の原料木に被害を与えることがあるという．

トンボの成虫は，水田をはじめとするさまざまな場所を飛び回りながら小昆虫を捕らえており，それらの多くが害虫であると思われたため，トンボは益虫と認識されてきた．すなわち，益虫とは害虫と表裏一体をなす言葉なのである．確かに，蚊やハエ，ブユなどをトンボの成虫は食べるが，これらすべてが害虫とは限らない．もっとも現在の日本では，これら「見ず知らずの虫たち」は「不快昆虫」と名付けられているので，そのような立場からは益虫という地位を保っている．しかし，生態系の中での「食う-食われる」の関係を思い起こせば，トンボの餌となる小昆虫は，トンボの個体数よりもはるかに多量に存在しなければならないのは自明である．とすれば，益虫のトンボがたくさん生息する場所には，それを上回る数の不快昆虫や害虫がそこに生息していてもらわねばならない．トンボ池を作って「自然を呼び戻す」運動は，そこまでの覚悟をもっているのであろうか．

(2) 帰化生物

意図的であろうとなかろうと，人間の移動とともに本来の生息地から新しい場所にやってきて，世代を繰り返し，定着してしまった生物を「帰化生物」という．特に，先史時代にやってきて定着したと考えられる種は「史前帰化生物」と名付けられ，今では，その多くが我が国の景観のもともとの構成員という顔をしている．たとえばモンシロチョウの場合，中国大陸のごく一部の場所の個体がアブラナ科作物と一緒に渡来し，その子孫が拡がったらしいことが，遺伝子解析によって明らかにされた．一方，渡来の時代がある程度特定できている種もある．たとえば，ブドウは遣唐使によって持ち込まれて自生するようになったといわれ，シロツメクサは江戸時代にオランダから輸入されたガラス

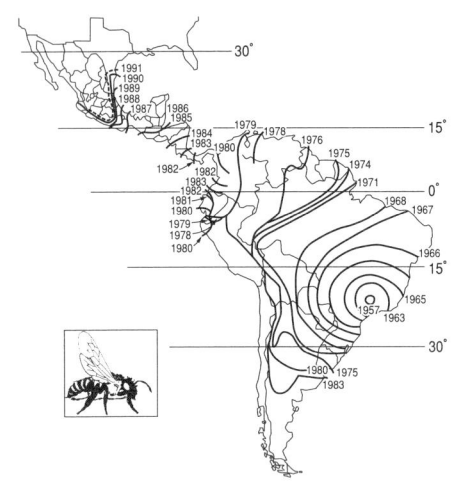

図5-10 キラービーの分布拡大．南アメリカの熱帯地方にヨーロッパミツバチを導入したところ，暑さのために働きが悪かったため，アフリカミツバチと交雑させようとブラジルに移入したのが1956年だった．この時点で，アフリカミツバチは凶暴であることがわかっていたが，翌年，事故によりたくさんの女王蜂が実験施設から逃げ出してしまった．この女王蜂たちが野外で交雑を繰り返し，キラービーとなり，分布を拡大していった．Pullin (2002)より改変．

器の梱包のクッションとして到来し，そこから広まったといわれている．とすれば，モンキチョウも，それとともに渡来した帰化生物かもしれない．アオマツムシは19世紀末に中国からの輸入された苗木にくっついて，アメリカシロヒトリは敗戦直後にアメリカの占領軍の軍事物資に蛹として付いてきたと推定されている．

　帰化生物が我が国に定着したとしても，その分布範囲は限られていることが多い．人為的な環境改変がなされた場所は好適な生息地であり，害虫のように爆発的に個体数が増加することもある．すなわち，帰化生物はr-戦略者とはいえ，攪乱された場所の植生環境が遷移によって徐々に変化すると，個体数が減少したり，消滅したりしてしまう．したがって，適度に攪乱が続いている都市部や里山では，帰化生物が最も身近な生物になることもあり得るのである．これを利用して，帰化生物を自然環境の指標とする場合もある．たとえば，アオマツムシは，造成後，庭木が根付いた住宅地や公園の樹木にはやってくるが，本来の雑木林や社寺林にはめったに生息していない．

　近年に渡来した帰化生物の引き起こす問題は，害虫化した種の農作物への被害に始まって，在来の生態系構成種と生態学的地位をめぐる競争，遺伝子の攪乱などが挙げられている．後二者の場合は在来種の絶滅を導くことが多く，種多様性保全の視点からも注意が喚起されるようになってきた．特に，今日の日本では，意図的にペットなどのために輸入されたクワガタやタガメなどが野外

へ逃げ出して，在来の近縁種と交雑し，遺伝的に異なる種を作り出している．南アメリカにおいて導入されたセイヨウミツバチとアフリカミツバチの雑種を作って品種改良を試みたところ，女王バチが逃げ出し，野外でさらに新しい雑種ができて，攻撃性の強い凶暴化したミツバチ，通称キラービーが生じたのも，生物学的にはよく似た過程であった．

(3) 侵入種

　人間の手により本来生息すべき場所から別の地域へ移送され，移送先の新天地で定着と分布拡大を果たした種を侵入種という．もちろん，生物は太古の時代より移動・分散を繰り返して分布を拡大してきたはずである．しかし，いずれの種の分布も，際限なく拡がるのではなく，山や川，海といったそれぞれの種にとって越えようのない地理的障壁により分布域は仕切られていた．この障壁は，地域ごとに独自の個体群の遺伝子組成を形成し，生物相を構成し，その結果として現在の生物多様性が作り出されてきた．ところが人間の出現はこの分布に関する「ルール」を無効にし始めたのである．

　人間は自らの分布を拡大する過程で，農耕や牧畜のための栽培植物，家畜の移送など，意図的にさまざまな種を移動させてきた．一方，船舶や飛行機，鉄道，運河，道路などの発達は地理的障壁の高さを低くしたため，意図しないにもかかわらず，さまざまな種を移動させてしまったようである．この結果，生物進化の常識をはるかに超えた大規模な移動が生じ，さまざまな侵入生物が生

図5-11　横浜市内で普通に見られるようになったアカボシゴマダラ．香水敏勝氏提供．

み出されてきた．

　我が国の侵入種において，チョウの場合，諸外国とは事態がかなり異なっている．四方を海に囲まれているため，海を渡って長距離を飛翔してくる種は限られていた．このような種が何百年も昔から飛来しては定着・絶滅を繰り返していたとはいえ，ほとんどのチョウは害虫でも益虫でもないため，あえて人間が導入したことはなかったはずである．作物にくっついて渡来したのはモンシロチョウをはじめとしてごく少数の種にすぎなかった．沖縄のバナナセセリは1970年代のベトナム戦争たけなわの頃，ベトナム帰りの米軍軍用機に乗って侵入してきたらしい．したがって，海という地理的障壁は高く，これによって日本列島の独特のチョウ相は保たれてきたといえる．ところが，近年，ホソオチョウやアカボシゴマダラなど，いくつかの種の生息が我が国で「発見」された．それぞれの種における本来の生息地の分布と日本における発見場所の分布，日本列島における寄主植物の分布を検討すれば，これらの種は「特定の人間」が無神経に持ち込んで放蝶したと結論づけざるを得ない状況である．本質的にはブラックバスなどの密放流と変わらないが，ブラックバスが内水面の漁業に正と負の経済的影響を与えるのに対して，多くの密放蝶された種の寄主植物は作物ではなく，経済的にも深刻な害が生じないため，「きれいなチョウ」という理由で存在が受け入れられたり，場所によっては，生息地の保護や増殖という市民運動まで生じさせたりしてしまった．このような種を「在来種と共存している」と断言して市民運動におすみつきを与えた「専門の研究者」は，いったいどのような「研究」を行なったのであろうか．

　チョウの成虫が密放蝶されると，寄主植物さえあれば比較的定住しやすいのに対して，トンボの場合は，水域と陸域にまたがった生活史をもち，肉食性であるため，たとえ放逐されても定住は難しいようである．自ら海を渡って飛来する種を除くと，我が国におけるトンボの侵入種は，現在，ほとんど知られていない．しかし，トンボの生活史が詳しく解明されるようになれば，定住させることも不可能ではないことが，各種のミチゲーションの例で明らかになってきた．たとえば，横浜市の小学校に作られたトンボ池で発見されたベニイトトンボやコバネアオイトトンボは，関西から運んできた水草にくっついて幼虫が侵入したと考えられている．長距離の処女飛翔を行なわず，羽化場所の近くに滞在しがちな種の定着例といえよう．したがって，今後，このようなノウハウ

を用いて「きれいなトンボ」を密放逐する不心得者が生じてくるかもしれない．

5.4 保護と保全・管理

　1970年代に欧米でなされた「すべての生き物が神から与えられた生存権をもっており，ヒトがその権利を侵すべきではない」というディープエコロジー的な自然保護の議論は，日本人に馴染まないかもしれない．といって，種の絶滅の進行を阻止せずに，開発論者がしばしば主張する「景観の多様性の劣化を憂うことは感情的」という議論にいささかでも理解を示すことも危険である．この議論を極端に進め，人種的偏見と差別の味を加えると「鯨問題」に行き着いてしまう．しかし，ヒトを除き，地球上に存在するすべての生き物がそれぞれ独自の生態学的地位を占めているという事実は，彼らはすべて自然界の複雑な食物網の構成員であり，生態系の構成要素であることを示しており，その構成要素が欠けると，予想もされなかった生態系の不均衡が生じることは想像に難くない．もしその悪影響が隣接する生態系へと順番に伝わっていくなら，景観は大変動する．

　かつての「種の保護」という考え方は，絶滅の危機に瀕している種に限定され，特に我が国では「手を触れないこと」が保護であるとして，その種の生活史や生息環境の変動を無視した対策のとられることが多かった．極相に生息している種ならば「手を触れないこと」が保護になっても，遷移の途中相に生息している種では，「手を触れないこと」は遷移の進行を招いてその種にとっての生息環境を悪化させてしまい，保護をしたことにはならない．特に里山景観に生息する種の多くは遷移の途中相を生息場所としているので，里山景観を維持するという「管理」が必須となる．このような視点で，生息環境の保護・保全・管理が考えられるようになったのは最近のことである．さらに，近年，絶滅危惧種や環境指標種のみを保護の対象にせず，いわゆる「普通種」の生息も保全すべきであると考えられるようになってきた．個々の種ではなく群集の視点が重要であることに気が付いたからである．自然界における複雑な食物網が解明され，キーストーン種が理解されるようになって，どの種も生態系の構成要素の一つであり，欠かすことはできないことが強調されてきた．したがって，ある一つの種の生活史を取り出しても，その種を主体とした生態系の考え方か

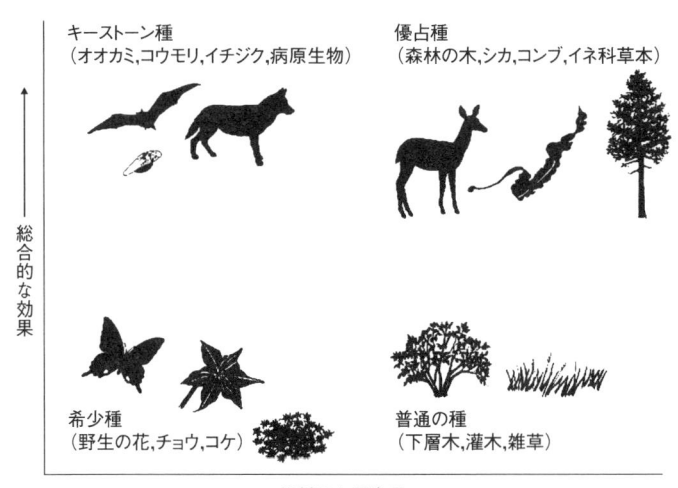

図 5-12　キーストーン種と現存量の関係．ある一つの種の地域個体群を保護・保全することで，その個体群が属する生物群集の大部分が同時に守られるような種をキーストーン種という．この図では，オオカミやコウモリ，イチジクなどがそれに当たるが，これらの種は生物群集内の現存量の観点から見るとかなり低い量しかない．しかし，これらの生物は生物群集に大きな影響を与えている．チョウやコケ，野生の花などは，同様に生物群集内に占める現存量は少なく，希少種や珍種も多いが，生物群集に与える影響は大きくない．現存量の観点での優占種は森林の樹木やシカなどが挙げられ，生物群集に対する影響力は大きいといえる．なお，現存量は大きくても生物群集に与える影響が小さい種もある．Primack (2004) より改変．

ら出発せねばならない．たとえばトンボのように水中と陸上の両方を生活場所としている場合，考えねばならない生態系は少なくとも2種類はあるので，「複合生態系」あるいは「景観」という概念が必要となるのである．

　1971年に制定されたラムサール条約は，水鳥の生息地として重要性の高い湿地を保護区として指定し，希少性の高い鳥獣を保護するとともに，そこでの人為的な開発行為を禁止している．この条約の締結国は2006年12月現在で153カ国に達し，世界中で1634カ所の湿地が同条約によって保護されるようになった．締結国は，自国の登録湿地の保全を図るとともに，定期的に開催される締結国会議で，登録湿地の現状や保全への取り組みについての報告が義務づけられている．また，登録された湿地を守るだけでなく，登録されなかった湿地についても，消失したり環境が悪化したり，あるいはその恐れのある場合，可能な限り保全対策を行なう場合が多くなっている．湿地の価値が，希少種の

生息地であることに留まらず，環境浄化機能をはじめとした自然生態系保全における役割についても注目されてきたためである．また，失われつつある生物多様性に対する国際的な対応としては，1992年に地球サミット（国際連合環境開発会議）が行なわれ，「生物多様性条約」が採択された．ここでいう生物多様性とは，「生態系の多様性」と「種の多様性」，「遺伝的多様性」の3つを指し，それぞれに対応して，「保全」と「持続可能な利用」，「遺伝子資源の公平な配分」が目的に掲げられている．

　我が国では，1997年の環境影響評価法の制定に基づき，大規模な開発事業において，事業予定地内で貴重な動植物や生態系が発見された場合，開発による生物等への影響を予測し，影響を最小限にする対策をとらねばならないようになった．このような措置はミチゲーションと定義され，「回避」と「低減」，「代償」に大別されている．すなわち，「回避」とは保全すべき生態系を避けて開発計画を立てることであり，もし貴重な動植物の生息地が発見された場合，これを避けるように開発計画を変更しなければならない．したがって，「回避」は3つの措置の中で最も優先されるべき措置と位置づけられている．しかし，現状では環境影響評価制度に明記されておらず，また後述するように，我が国では「事業者アセス」のため，費用のかかる大幅な設計変更を行なうことは難しく，実施例はほとんど公表されていない．「低減」とは，開発による影響を最小化することである．たとえば，道路を作ることによってやむをえず動物の生息地を分断してしまう場合，2つに分けられた生息地間を動物が自由に安全に行き来できるような橋やトンネル，コリドーなどを設けることを指す．「代償」とは，開発行為により保全すべき動植物の生息地や生態系が消失する場合，これと同等の機能をもつ生息地や生態系を新たに創出することである．近年のアメリカでは，この概念をノーネットロス (No Net Loss) と呼んで，自然の総量と質を減少させないように，開発対象地域だけでなく，他地域でも代償を行なうという積極的なミチゲーションを行なうようになってきた．

5.5 環境影響評価の手順

　世界最初の環境アセスメント制度となる国家環境政策法 (NEPA) が1969年にアメリカで制定されて以来，各国でこの類の法律が整備されるようになり，

我が国でも，紆余曲折の後に，1999年に環境影響評価法が施行されるようになった．この法律は，環境の悪化を未然に防止し，持続可能な社会を構築していくため，開発事業の内容を決めるときに，事業によって得られる利益や採算性だけでなく，環境の保全にも配慮するように求めており，開発事業者が条文どおりにまじめに対応すれば，「より良い事業(環境省パンフレットによる)」になると期待されたのである．そのために，開発事業の計画段階から完成までの過程とその後の監視まで，事業者と住民，地方自治体などの相互関係に対するルールが作られ，事業者の実施が義務づけられてきた．すなわち，事業者自身が調査と評価を行ない，結果を公表して住民や自治体などからの意見を聞き，「より良い事業計画」を作るのがこの制度の趣旨である．したがって，各地方自治体は，建前としては，地域の特性に合わせて，それぞれ独自に環境アセスメントに関する条例を制定してきた．

　環境アセスメントの対象事業とは，大きく，道路と河川，鉄道，飛行場，発電所，廃棄物最終処分場，埋め立て(干拓)，土地区画整理事業，新住宅市街地開発事業，工業団地造成事業，新都市基盤整備事業，流通業務団地造成事業，宅地造成事業の13の事業に規模の大きな港湾計画を加えたものと定義されている．これらは，国(独立行政法人を含む)や地方自治体が行なったり，補助金が出たりする事業であるか，許認可の必要となる事業である．具体的な開発面積により，規模の大きな「第1種事業」と小さな「第2種事業」に分けられ，前者では環境アセスメントが必ず行なわれなければならないが，後者ではそれが必要かどうか個別に判断されている．地方自治体によっては，「第2種事業」よりも小規模の開発に対しても「ミニアセス」という制度を設けたり，紳士協定としてのアセスメントを求めたりしているところも多い．

　検討項目は，「環境の自然的構成要素の良好な状態の保持」として大気環境や水，土壌，振動，騒音などが，「生物の多様性の確保および自然環境の体系的保全」として，植物や動物，生態系が，さらに，「人と自然の豊かな触れ合い」として景観や触れ合い活動の場が，「環境への負荷」として廃棄物や温室効果ガスなどが挙げられている．ただし，これらをすべて調査・予測・評価して検討するのではなく，「これらを検討するかどうかの検討」が最初にあることに注意を払うべきであろう．

　環境アセスメントは，対象事業を実施しようとする事業者が行なうことにな

っている．自己の責任で影響に配慮して検討すれば，計画の変更も行ないやすく，施工・供用時において，それらが反映されるからであるという．このため，環境アセスメントは別名「事業者アセス」と呼ばれている．

環境影響評価法が制定される以前の環境アセスメントでは，開発事業計画がほぼ固まってから手続きが開始されたため，環境アセスメントの結果を事業計画に反映させるのが難しいといわれてきた．貴重な動植物が発見されたとしても，決定されてしまった事業計画を変更するためには，設計図を作り直したりするための費用がかかるばかりでなく，そもそも最も少ない費用となるように開発事業計画が組まれていたはずであったために，必ず，事業費は増大するからである．したがってどんな調査結果が得られても，「開発事業が環境に与える影響は少ない」と結論づける「環境影響評価準備書」が多く，「環境アセスメント」ではなく「環境アワセメント」だという批判は絶えなかった．生物環境に対する環境コンサルタント会社の環境調査法に対する技術力・認識力の低さとともに，環境影響評価委員会委員による野外調査法や調査結果に対する当否の判断力の低さがあったとすれば，それもその一因である．

環境影響評価法は「スコーピング」が特徴である．これは，計画地の生物環境を調査する前に，調査方法を確定する作業のことを意味し，「環境影響評価方法書」という環境アセスメントの設計書を作成することである．これによって，事業計画が確定する前に，調査方法を確立して結果を出せるので，その結果を検討しながら，事業内容の変更が可能になるといわれている．また，計画地独自の特性に対しての調査計画を組むことができる利点もあるという．しかも，これを縦覧することで，広範囲な意見を聞くことが義務づけられているので，地域住民の意見も反映されることになっている．なお，開発計画の決定とアセスメントに関するこのような過程への市民参加には社会的・経済的評価も含まれるため，欧米では「戦略アセス（Strategic Environmental Assessment）」と呼ばれることが多い．

事業者は「方法書」にしたがって，調査し，結果を評価した「環境影響評価準備書」を提出する．これが縦覧されるとともに，環境影響評価委員会で審議され，委員会意見が集約されて県知事意見となり，それに対応した処置が検討された結果，「環境影響評価書」が作成される．この評価書は事業の許認可担当大臣と環境大臣に送られ，ここでも意見が述べられると，それに対応して修

正した最終的な「評価書」が作成され，公告されることになっている．事業の実施はこの後からとなる．これで環境アセスメントの手順は終了するが，環境改変の予測がかなり不確実であった場合や，講じられる環境保全処置の効果が不安定と予測される場合，「事後調査」を行ない，結果と対応策の公表を行なわねばならない．

環境影響評価の手順は，一見すると，地域の自然環境や貴重な動植物の保全に配慮した「より良い事業」となる制度が整えられたといえる．しかし，事業者から提出された「方法書」と「準備書」，「評価書」に対して，どのような意見を述べ，それに対応した事業の修正を行なえるかどうかは，地方自治体の行政（環境影響評価委員会の委員の選任や運営方針等を含む）の姿勢によってかなり異なるのが通例であった．野外調査に不案内な委員ばかりを集めた環境影響評価委員会では，「方法書」に示された調査目的や調査方法の妥当性を判断することができないであろう．「準備書」で報告された調査結果の適否や予測・評価を理解できなければ，それに対して当を得た意見を述べ，しかるべき処置を求められない．地域に密着し，地域の自然特性を知っている地元住民の意見を適正に吸い上げられるかどうかは，委員の力量にかかっているのである．では，誰が，どこで，どうやって，委員の力量を判断し，選任するのだろうか．

5.6 科学者と管理者

2003年3月に地球環境保全に関する関係閣僚会議で決定された「新・生物多様性国家戦略」を素直に読む限り，「生態学」に対する国家や社会の期待は，生態学の学問レベルよりもはるかに高く，過大な要求を行なっているように感じられる．特に，一定地域における生物群集の現状把握方法や，侵入外来種や身近な生物の生活史の解明方法がまだ充分に確立していないにもかかわらず，これらの調査の方法と方法論を吟味せずに，提出されたデータを絶対的真実かのようにして議論が行なわれる傾向が強い．もちろん，このような現状に対応して，日本生態学会では，生態系管理委員会を設置したり，2004年の年次大会で「日本生態学会のめざすところ」と題したシンポジウムを開催したりして，「生物多様性とは何か」や「保全の科学的根拠」などについて議論し，自然科学という「学問」と保全を「唱える」ことの区別の重要性を打ち出してきた．

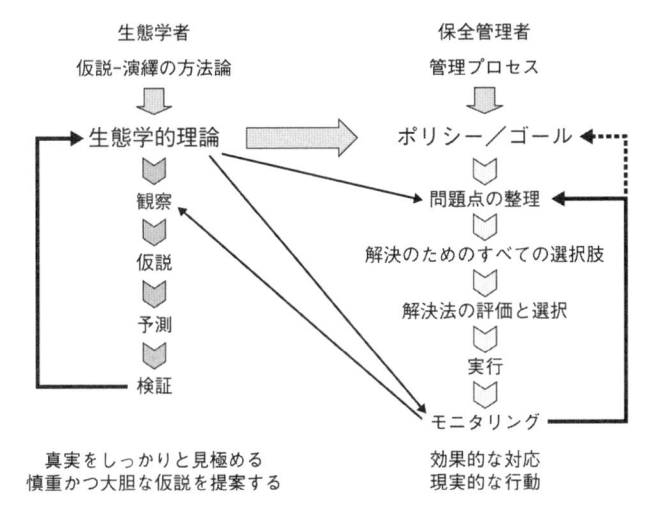

図5-13 生態学者と保全管理者.保全という目的のためには生態学者と管理者の相互作用が重要であり,お互いに相手の行動・思考過程を理解すべきである.Pullin(2002)より改変.

このシンポジウムでは,日本生態学会の提出する各種の自然保護の要望書の是非についても,議論になったようである.このような議論は,自然科学者が自らの学問分野を足場にして,どこまで社会運動に踏み込めるのかという昔からの議論の流れと本質的にはほとんど変わっていない.

　欧米では,さまざまな種類の生息環境において,遺伝子交流も含めた潜在的な移動分散能力を完全に理解しなければ,「良い保全管理」はできないと考えられてきた.そのためには,徹底的な種(種群)の生態学的調査・研究が必要となってくる.普通,保全すべき生物をこのような観点で研究していることはめったにないので,実際に保全を行なうためには,生態学者は,新たな研究をゼロから出発させることになる.そこでは,仮説-実験-考察という自然科学の研究方法が必要となる(図5-13左).ところが,特に保全対象となるような低密度の生物に対しては,低密度故に,調査方法に困難が生じている.まじめな研究者なら,それまでの自己の研究をなげうって,通常の自然科学の方法を踏襲して,保全対象の種(種群)の研究に打ち込むことになりかねない.よほどの工夫とアイデアがなければ,常にサンプル数の足りないデータに悩まされ,結果は記載的になり,理論構築を重視する学界では重要視されない可能性がある.

　開発事業の過程で,自然環境の保全や特定の種(種群)に関するミチゲーショ

ンを成功させるためには，大きく3つの条件を考えねばならない．一つは生態学的条件で，そこには生息環境の量と質を具体的に把握すること，対象とする種（種群）それぞれの初期個体群の大きさ，病気や寄生を含む食物網の中の位置づけが含まれる．近親交配を避けるなどの遺伝的条件も考慮しなければならない．これらの2つの条件は，生態学者（自然科学者）として関与しなければならない条件である．3つ目は，人間社会に関するもので，特に，生息地の維持と管理の方法とそれらにかかる費用は重大問題である．これらの条件が考慮されたうえで開発事業が行なわれると，正常な交配が続いて元の個体群が維持されたり，絶滅が防がれたりすることになる．ミチゲーションの対象となる種（種群）や生物群集のモニタリングは，人間社会の環境悪化の軽減の指標ともなるであろう．

　生態学者が保全すべき種を扱って生態学的理論を構築しようとする研究方針に及び腰であるのと対照的に，保全管理者の目指す方向は具体的であるため積極的である．対象地域において生息していた種（種群）が，絶滅せずに，将来にわたって維持されることが目的である以上，それに対して，最適な解決法を模索すれば良いからであろう．したがって，節目節目にモニタリングを行なって問題点を整理していくというプロセスを常に辿ることになる（図5-13右）．

　生態学者は，生態学的理論から，保全の目的と理念に関与するばかりでなく，問題点を整理したり，モニタリングの方法についても関与したりすることになる．そのためには，方法論が重要であり，何を知るための調査なのかを常に問い続ける必要がある．しかし，現場の調査結果を審議するための環境影響評価委員会で，このことに気づいている学識経験者は多くない．一方，この過程で行なわれるモニタリング結果は，純粋な研究の過程に組み込むことができる．研究者が常時観察できないような事象も，モニタリング中に得ることができるので，これらの結果がフィードバックされれば，さらに良いモニタリング方法が開発されたり，問題点の整理に役に立つにちがいない．結果として，生態学的理論の構築にも寄与するはずで，生態学者と管理者の相互交流が適正になされると，相互に利益が得られることに気づくべきである．

　いずれにしても，現実に生活している生き物を保護・保全・管理しようとするにはその生き物の生活を理解することが第1歩となり，その理解の助けには，自然科学としての生態学が重要な位置を占めている．それぞれの生物の視点に

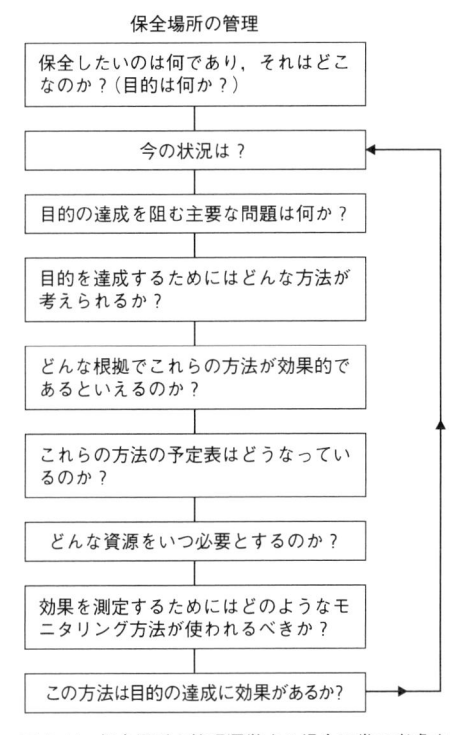

```
                    保全場所の管理
            ┌──────────────────────────┐
            │保全したいのは何であり，それはどこ│
            │なのか？（目的は何か？）          │
            └──────────────────────────┘
                        ↓
            ┌──────────────────────────┐
            │      今の状況は？           │←──┐
            └──────────────────────────┘    │
                        ↓                    │
            ┌──────────────────────────┐    │
            │目的の達成を阻む主要な問題は何か？│    │
            └──────────────────────────┘    │
                        ↓                    │
            ┌──────────────────────────┐    │
            │目的を達成するためにはどんな方法が│    │
            │考えられるか？                  │    │
            └──────────────────────────┘    │
                        ↓                    │
            ┌──────────────────────────┐    │
            │どんな根拠でこれらの方法が効果的で│    │
            │あるといえるのか？               │    │
            └──────────────────────────┘    │
                        ↓                    │
            ┌──────────────────────────┐    │
            │これらの方法の予定表はどうなってい│    │
            │るのか？                       │    │
            └──────────────────────────┘    │
                        ↓                    │
            ┌──────────────────────────┐    │
            │どんな資源をいつ必要とするのか？ │    │
            └──────────────────────────┘    │
                        ↓                    │
            ┌──────────────────────────┐    │
            │効果を測定するためにはどのようなモ│    │
            │ニタリング方法が使われるべきか？  │    │
            └──────────────────────────┘    │
                        ↓                    │
            ┌──────────────────────────┐    │
            │この方法は目的の達成に効果があるか？├────┘
            └──────────────────────────┘
```

図5-14 保全場所を管理運営する場合に常に考慮すべきフローの例. Pullin(2002)より改変.

立って数量的に客観的に調べることは存外に難しかった．しかしそれを試みることで，我々人類の生存を含めた地球をどのように運営できるかが明らかになるのである．

　従来，環境影響評価書がまとめられると開発が開始され，その後のモニタリングはほとんど有名無実となり，保全の効果について検討されたことはなかった．しかし，保全やミチゲーションの計画段階から研究者が関与して，開発事業者の理解を得て，適正なモニタリング法を開発し，調査研究と両立させれば，効果的な保全を行なうことは可能である．このような場合，事業者は，自然環境に配慮して開発事業を行なっていることをアピールすることができるだけでなく，保全のための維持・管理を行なうことで，結果的に，地域の生物多様性も守ることができるかもしれない．第6章では，三重県伊勢市大湊で行なったヒヌマイトトンボのミチゲーション事業の経過と，その結果について紹介する．

5.7 環境教育

(1) 学校教育

　生態学ほど，生物学界でも，自然科学界でも，巷でも，誤解され，偏見をもって見られてきた学問分野はない．そもそもの生態学は，泥だらけになりながらたくさんのデータをとって統計を駆使したり，パソコンが身近なものになるよりもはるか前から電子計算機と格闘したり，数理モデルを操ったりと，方法論の点では他の学問分野と全く遜色のない分野であった．むしろ，生物学の他の分野が「顕微鏡を覗いて絵を描いている」段階にあった頃では，物理化学に似た方法論をもつ最先端の学問だったはずである．ところが，その頃の生物学者は算数嫌いが多かったらしい．学生時代，算数を勉強しなくても良いから生物を選んだなどと公言してはばからない研究者は，今でも散見される．このような感覚では，数理統計を操る生態学を「生き物から遊離した机上の学問」と胡散臭く見たり，「自分は算数ができない」というコンプレックスを感じたりしたかもしれない．

　近年になって，生態学はたくさんの学問分野を包含してしまった．現在の動物行動学につながる「習性学」も，ナチュラリストの大好きな「博物学」も広義の生態学とみなされたのである．もちろん，これらの分野は生態学の学問を推し進めるうえで基礎となる重要な分野であった．しかも昆虫採集や押し花（葉）作りが小学校の教材となった結果（それ自身はたいへん良い教育活動ではあったものの），このような研究は「やさしい」ものであり，「器械の前で白衣を着て試験官を振る」ような高度な研究とはみなされなくなったようである．

　高校時代を「文化系進学コース」で過ごして大学の教員養成学部に入学してきた学生は，「小学校理科はやさしいし暗記モノ」だからほとんど勉強せずに子供たちに教えられる，と信じている．中学校理科はちょっと難しい．高校理科となると歯が立たなくて……と，小・中・高・大と難しくなり，勉強するのがやっかいになる．とはいえ，「生物」は理科の中では一番楽！　先生予備軍がこのような思考回路をもっていては，生態学が偏見から脱却するのは絶望的かもしれない．そして，そのような偏見は大学につながっている．それだけではない．高校生物学Ⅰの教科書から生態学を蹴っ飛ばした新学習指導要領

図5-15 ヒヌマイトトンボ成虫の観察会．密生したヨシ群落の中に入って観察することは，ヨシを踏みつけて群落内を攪乱し，明るい場所を作ってしまうので，アオモンイトトンボなどの捕食者が侵入しヒヌマイトトンボの個体群に影響を与える危険性があった．そこで，ヨシ群落の周囲に観察路を作り，ヨシ以外の植物の植栽方法を工夫することで，成虫が観察路の傍に出てこられるようにして，観察会を行なっている．

(2003年度から)をまとめた文部科学省の担当者の頭の中の生態学とは，旧来の暗記モノという偏見しかなかったにちがいない．それでも，一応，生物学の中で「DNA」と「環境」は触れられねばならないことになっている．

たまたま「落ち着いて将来を洞察できる人々」が地球規模の汚染によって人類の生存が脅かされそうなことに気がついたため，あるいは，たまたま「"自分はやさしい人間"だと自負した人々」が比較的金持ちであったためか，現在，「環境」や「生態学」の地位は，世界的に見ると，低くはない．「保護」や「保全」，「管理」が世界の至るところで理解されるようになったのは，彼らの活動の賜ではある．しかし，前者の人々ならまだしも，後者の人々で「生態学は冷徹な学問」であることを理解している人は少ない．欧米の高等学校生物の中では，これからの地球環境問題に対処するための有効な武器であり，我々人間が地球人として生きていくための最低限必要な知識として，生態学の重要性が指摘されている．

我が国は地形的・気候的に多様なため，同緯度の大陸と比べて生物相が多様性に富んでいる．ところが人口密度が上昇し，工業が発展し農林業も経済的効率を至上命令とするようになって，これまで自然との緩衝役を果していた里

山を形成する各種の生態系が，開発の名によって壊されてしまった．この失われた景観に直面して，はじめて，人間が豊かな心をもって豊かに生活するためには，他の生物との共存が必要であると思い至ったようである．環境生物学や保全生態学と銘打った学問の責任は重い．

(2) 地元住民・社会教育

「豊芦原瑞穂の国」と呼ばれたほど，かつての我が国は水が豊富で，至るところを水田として利用していたようである．春の田起こしの後，水田には水が入り，日本列島のあちこちには突然巨大な浅い水溜まりが出現したかのようであったろう．このような水田はカエルたちの絶好の産卵場所となり，毎夜彼らの合唱が響いていたにちがいない．長く乾燥した冬を耐えてきた各種の水生動物たちも息を吹き返し，その間を孵化したばかりのヤゴが歩き回る．夏が過ぎ，秋の稔りの季節ともなれば，田は黄金色に重く垂れた稲穂の波となり，その上をたくさんのアカトンボが乱舞していただろう．そこで人々はこの国のまたの名を「アカトンボの国」という意味で「秋津洲」や「蜻蛉洲」と呼んだのである．

トンボたちは，水田ばかりでなく，溜池や用水路，小川，湿地など，少しでも水があればやってきて生息場所とするので，いにしえの人々にとってトンボはごく身近な生き物として認識されていた．しかもこの国の地形は急峻で複雑なため，植生景観は多様となって，多くの生物の存在が保証されている．蜻蛉目も例外ではなかった．北米大陸全体で約450種のトンボが生息しているのに対して，その50分の1にも満たない広さの国土にもかかわらず，現在までに，我が国では200種以上も確認されたのである．しかも，均翅亜目と不均翅亜目に加えてムカシトンボ亜目までと，蜻蛉目を構成する3つの亜目が生息しているのは，温帯地区の工業国でこの国以外にはない．

トンボの成虫は肉食で，蚊やハエ，チョウ，蛾をはじめ自分自身の体より少々大きくても，体が比較的柔らかい昆虫ならば，貪欲に襲って餌としている．たぶん，このような行動は昔から人々の目に焼き付いていたのであろう．戦に勝つ縁起の良い虫として，トンボの意匠を使った戦国時代の武将の鎧や兜は今に伝えられている．一方，子供たちのトンボ釣りは，セミ捕りと並ぶ夏の風物詩であった．人々はトンボを「子供たちの遊び相手」となる「身近な虫」とし

て，あるいは「害虫を食べてくれる益虫」として，親しみをもって接していたにちがいない．

　近年，自然環境の保全を求める社会情勢で，全国的に「ビオトープの創生」や「トンボのいる公園作り」などが盛んとなり，造園学の分野からの研究が増加してきた．確かにある種の自然の生態系は，気候要因や地形要因によって繰り返し攪乱され，いわゆる「妨害極相」的に安定していることがある．また遷移の途中段階が遅々として極相へ移行しない系も多い．したがって「ビオトープの創生」が全くの人工物であるという理由や，極相を目指しているわけではないという理由で，自然には受け入れられないと批判することは不適当であろう．里山景観のようにむしろ積極的に人間活動を加えて維持すべき系も存在するからである．しかし，これまでに報告されてきた多くの「ビオトープの創生」は，生態学の基礎知識が不足しているためか，主体とした種の生活空間の拡がりや植生環境を量的・質的に考慮してこなかった．高木層のみを植栽して下層植生を無視した「雑木林の創生」が何と多いことか．また，水を溜め，ウスバキトンボがやってきただけで「トンボ池の成功」と信じてしまったり……．

(3) 開発関係者

　かつて「日本列島改造」と主張した首相のように，日本各地の植生景観を無頓着に破壊したり地形を改変したりする「開発」はなりを潜めるようになってきた．これを「自然保護思想が浸透した結果」と無邪気に信じている NPO 関係者もいるものの，実際には，これまでと同様の大規模開発を行なえるようなまとまった広さを手に入れることが，物理的に難しくなってきたとともに，さまざまな政治的経済的環境によって「開発」が躊躇されているというのが現状らしい．前者の場合，比較的安価に土木工事のできた里山景観はすでになく，残っているのは急峻な地形をもつ里山か，それよりもさらに奥になってしまったからである．このような場所には特筆すべき種や絶滅危惧種などの生活していることが多く，安易に開発計画を表に出せば，さまざまな批判を浴びるにちがいない．後者の場合はコスト・ベネフィットのバランスの問題である．しかし，どのような場所であろうとも，大義名分さえ作ることができて，儲かりそうならば，開発はすぐにでも始められてしまう．今日では，一見すると反対しにくい大義名分が多く，「誰にとっての大義名分」であるかどうかは注意深く

観察する必要がある．

　開発関係者のすべてが大義名分を振りかざして，自然環境保全について全く無視を決め込んでいるわけではない．少なくとも，大事な自然環境は「可能な限り」守ろうという意志はもっているようである．ただし，ここでも「誰にとっての自然の大事さ」であり，「誰にとっての可能な限り」なのかが問題となる．土木工事費を可能な限り安く抑え，建屋を可能な限り効率的に配置して，地形や植生景観の改変を行なう計画を立てた後に，改変場所の自然環境を「可能な限り」守ろうとするのは，論理的に矛盾している．もしそうするなら，必ず計画の変更が必要であり，どんなに小さな開発計画の変更であっても，総工費は上昇してしまう．したがって，予算が限られている限り，自然環境を守ろうという意志は，現実には決意表明にすぎないといえる．担当者が自然環境保全に関わる費用のために予算オーバーとなる理由を充分に理解できないために，施工主に対して説明できなかったりする場合も多い．このことは，逆に，自然環境保全を要求する関係者に対しても「その開発が自然環境に与える影響はいかに小さいか」を充分に説明できないことを意味し，結果として，開発関係者と保護論者の間にすれ違いの不毛の議論を生じてきた．

　開発関係者が自然環境保全に理解を示す余裕があった場合，開発計画の変更を求める提言は，開発関係者にとっては，稚拙な印象を与える場合が多かった．開発は土木工事を伴い，コストダウンの求められることが普通である以上，開発関係者は多少なりとも，定量的な思考・判断能力が磨かれてきている．たとえば，移動すべき土砂量が計算されなければ投入すべきダンプカーの数を決められない．時間的・金銭的に効率の良い移動を行なうためには，ダンプカー1台あたりの積載量とともに人件費や道幅，移動距離などさまざまな要因を，金銭に換算して検討する必要が生じてくる．したがって，自然環境保全のための調査・対策に必要な金額・時間の算出方法やそれを対外的に説明できる手法，そのための資料・データ・計算式が揃えられれば，賛否は別として，開発業者は自然環境保全を理解し，議論する土俵に乗ってくれる可能性が高い．ところが，守るべき範囲の設定や生物群集の保全の要請は，どんなにこれまでの経験を基礎として確からしいものと専門家の間で認識されるとしても，数量化されたデータに基づくものはめったになかった．これでは，自然環境保全というのは定量的根拠のない漠然とした感情論であるという印象を与えてしまうだろう．

ある一つの地域に生息する生物のうち，「特筆すべき種」や「絶滅危惧種」に関する生活史や個体群動態が明らかにされていることは，特別な場合を除いてはあり得ない．このような種は，一般に，個体群密度が低かったり，隠蔽的であったりするので，愛好家による観察記録はあっても，定量的な調査はほとんど行なわれていないのである．大学などの研究機関に属する専門家といわれる研究者は「論文を書くこと」が仕事であるため，このような「調査しにくい生物」を研究対象とすれば，論文生産量が上がらず，結果として，「能力の低い研究者」とみなされ，良いポジションを獲得することができなくなってしまう．したがって，開発予定の場所で発見された保全すべき種(＝地域個体群)の生活史の研究は全く存在しないのが普通で，保全のための根拠や方法の提示では，これまでに明らかにされてきた他種のデータを基にして，推論に推論を重ねた結果を利用せざるを得ないのが現状である．

　生息している種の現況把握のためには，個体群密度の推定に数学的モデルを使ったり，野外調査から得たデータをさまざまな統計的理論に基づいて有意性を検討しながら解析したりせねばならないことは，一般には理解されていない．これまでに行なわれてきた自然環境調査の多くは，対象地域内の「適当な場所」で行なった昆虫採集の結果のリストを示すことで，地域の自然環境を記述しようとするものが多かった．「サンプリングして全体を推定する」という「野外調査の方法論」が理解されないため，自然保護論者からは「A種が挙げられていないのは調査精度が悪い」というような批判は絶えず生じている．しかし，「サンプリングして全体を推定する」という方法論は，大気・騒音のアセスメントや，土木工事を行なうための人の数や日数の工程管理に通じるものなので，順序正しく説明すれば，生態学的知識のない開発関係者でも理解できるにちがいない．このように考えると，保全生態学の研究者は，可能な限り一般的に理解できる定量的研究方法を流布する努力を行なうべきといえよう．

6 絶滅危惧種ヒヌマイトトンボの保全
——言うは易く行なうは難し

　朝の8時，気温はもう28℃を超えました．太いヨシがぎっしりと生えているヨシ群落の中には風が通りません．もわっと重い空気の下には深さ5cmほどのよどんだ水．丸々と太ったメダカが泳ぎ，ヨシの根元をベンケイガニが徘徊しています．水底のヘドロは紫色．空気が動くと微妙な臭いがただよってきます．

　ヒヌマイトトンボの標識再捕獲調査を始める前から，額にはすでに汗が光っています．捕虫網を持ってヨシ群落に近づくと，気配に気づいたオオヨシキリが叫びはじめました．

　「ここは俺様の縄張りだ！　来るな！　来るな！　ギョウギョウシ！　ギョウギョウシ！　ゲゲゲゲゲ！」

　捕獲したトンボは，1頭ずつ区別するため，左の後翅に数字を書き入れるのですが，薄くて弱い翅に書くのはたいへんです．いやがって暴れるトンボを押さえつけて弱らせるわけにはいきません．そこで，二酸化炭素を使って麻酔をかけ，しばらく眠ってもらうことにしました．

　麻酔の効いたトンボを測定しながら，1頭ずつ話しかけてやります．

　「アンタ965番ね」

　「次は……あらら788番，また捕られたんか．お前さん3日連続やぞ．調査に協力的なんやなあ」

　ヨシ群落の外では強い陽射しが容赦なく照り付けています．パラソルで日陰を作っているとはいえ，麻酔が切れるまでの間，トンボが日射病にならないようにクーラーボックスへ入れねばなりません．我々も日射病にならないように，飲み物を同居させました．トンボの麻酔は5–10分程度で切れて，また元通りの活動を始めます．我々も，暑さに負けそうになると，冷たい飲み物を飲んで，また元気に調査するようにしました．

　二酸化炭素は，熱帯魚店などにある水草用ボンベを使いました．高圧ボンベ

でないため，軽くて安くて扱いやすいからです．店頭での会話は，どの店でも同じでした．

「二酸化炭素ありますか？」

「ありますよ．水草はどれにしますか？」

「水草はいりません．二酸化炭素はあるだけ全部ください」

「全部？？水草なんて二酸化炭素をたくさん入れなくても普通に育ちますよ．そんなに買ってどうするんですか？」

「あのぅ，水草じゃなくて虫に使うんです」

「……？むし？……」

「あのぅ……麻酔するんです」

「？？」

二酸化炭素ボンベはそんなに売れないようです．お店の在庫も15本位しかありません．しかし，標識再捕獲調査を1週間続けると，15本は使ってしまいます．2カ月を超える調査のためには，伊勢市内の熱帯魚店で買い集めても全く足りず，名古屋や大阪のお店まで足を伸ばすことになりました．

トンボは，羽化した後，大人になるまでしばらく時間がかかります．そこで，トンボの行動を観察するには，まず成熟度合を判定しなければなりません．その判定基準の一つである「眼の色」は，静止しているトンボの下から覗く必要がありました．高さ20 cmに止まっているヒヌマイトトンボの下に自分の目をもっていく——つまり，カッパを着て，密生したヨシをかき分け，ヘドロの上にはいつくばるのです．ヨシの葉で顔にはすり傷が絶えず，汗はかくし，体にはヘドロのニオイがしみついてしまいました．

普通，調査は昼の休憩を除き，おおむね朝から夕方までです．首に巻いたタオルは汗をたっぷりと吸い，絞ればボタボタと落ちてきました．クーラーボックスの飲み物の量と，体重が減らないことから考えると，1日で4リットルくらい汗をかいた計算です．

調査中に近所の人がしばしばスイカを差し入れてくれました．このスイカは，休憩場所の横の小屋に住むニワトリの好物でもあったようです．そして我々がスイカを食べ始めるのを見ると，「コケ〜！」っと大きな声でブーイングするのです．別に悪いことをしてはいないのに……．

しかたがないので，ニワトリに見つからないように隠れてスイカを食べるこ

第6章 絶滅危惧種ヒヌマイトトンボの保全

図6-1 ヒヌマイトトンボの雄．左後翅裏面に788番と標識されている．

とにしました．その味はまた格別！？

11月も末になると，調査地のヨシはすべて茶色に立ち枯れていました．夏はあんなに暑かったヨシ群落の上を冷たい風が吹きぬけていきます．その根元で，ヒヌマイトトンボの幼虫はしっかりと成長していました．

「お前たち，あの788番たちの子供たちか．がんばって冬を越して，また来年出てくるんやぞ」

野外調査は3月までお休みです．でも，その代わりにデータ解析や報告書作成という別の苦しみが待っているなんて，最初の年には思いもしませんでした．

──ある調査員のつぶやき(ヒヌマイトトンボ観察会用パンフレットより)

6.1 ヒヌマイトトンボとは

ヒヌマイトトンボ *Mortonagrion hirosei* は，1971年に茨城県涸沼湖岸のヨシ原で最初に発見され，その後，海岸沿いのヨシやマコモが繁茂する河口付近の汽水域や潮の流入する池沼のみに生息していることが明らかにされた種である．このような場所は，地形によって干満の差が大きければ乾燥しがちとなるため，幼虫が生息していくには，干潮時でも乾燥することのない窪地の存在が重要と考えられていた．1996年までに，長崎県から宮城県までの16都府県，計33カ所の生息地が記録されたが，そのうちの7カ所はすでに絶滅したといわれて

いる．これらの地域個体群の絶滅の原因は，河川改修や埋め立て工事などによるヨシ原の消失であり，さらに9ヵ所の生息地で部分的に消滅しつつあるという．すでに 1991 年に環境庁が編纂したレッドデータブックにおいて「危急的な保護」を必要とする絶滅危惧 I 類に指定されているものの，地球上からの種の絶滅の危険性がきわめて高いと考えられている．というのは，本種は一般のトンボとは異なり，処女飛翔を行なわず，汽水に成立したヨシ群落の中での定住性が高く，地域個体群が相互に独立しがちなため，不注意にヨシ群落を攪乱して地域個体群を壊滅させると，新たな移入が起こらずに，地域個体群が回復しないからである．しかも，これまで，河口域のヨシ群落は「ヨシ原」と呼ばれるように広大で，オオヨシキリやカヤネズミといった希少動物の生息地として注目を集めるか，水質浄化といった機能が重要であるとされて，ヨシ原の景観や構造，保全に関する植物生態学的側面からの研究しか蓄積されてこなかった．その中にひっそりと生活していたヒヌマイトトンボの行動観察や定量的な生活史は調べられていなかったのである．

　幼虫時代を汽水域で過ごすトンボは，我が国では，ヒヌマイトトンボを除くと，ミヤジマトンボとアメイロトンボが知られているが，前者は広島県宮島に，後者は南大東島にと，分布がきわめて限られている．一般に，蜻蛉目を含む昆虫類は，生理学的に塩水に弱く，海を生息地とする種はたいへん少ない．大洋の真ん中を生息地とする種は数種のウミアメンボのみである．塩水は，幼虫（ヤゴ）が脱皮するときに，特に悪影響を及ぼすので，汽水で幼虫時代を過ごすトンボは，それに適応できるある程度の耐塩性の生理学的機構をもつといわれている．とはいえ，淡水性の水生昆虫でも塩分に順化させれば 10‰ 位までなら生存できるらしく，アオモンイトトンボの仲間も汽水で生活できるという報告がある．

　ヒヌマイトトンボは，2000 年代に入ってから香港で 1 ヵ所，2005 年には台湾でも発見された．前者では，その生息地も含めた一帯が香港湿地公園（Wetland Park）として 2006 年 4 月に開園し，湿地に飛来する水鳥をはじめとする湿地生態系の保全対象動物の一つに挙げられている．後者でも生息地の保全計画が立てられ，2007 年に事業が動き出す予定であった．この両者とも，以下に紹介するミチゲーションの成功例に触発されたものである．

6.2 発見と対応

(1) 既存研究

　三重県では，過去，伊勢市や四日市市などでヒヌマイトトンボの生息が確認されてきた．ところが，宮川河口域の「宮川流域下水道浄化センター」建設予定地北側において，環境影響評価の終了した1998年に事後調査を行なった結果，建設予定地に隣接する小さな排水路に成立していた小さなヨシ群落(10 m × 50 m)でヒヌマイトトンボが発見されたのである．本地域個体群の生息地となるヨシ群落は，海へつながる放水路に接し，上流から流れ込む淡水は周囲の民家からの生活排水しかなかった．したがって，下水道浄化センターが建設されると，すべての生活排水は下水道へ流されることになる．このヨシ群落への水の供給が，地下水を除き，下流からの海水だけとなれば，群落内の塩分の濃度が上昇したり，流れがなくなったことで土砂の堆積が促進されて陸地化(乾燥化)が生じたりするであろう．そうなればヨシ群落は遷移を開始し，異なる植物群落へと変化してしまうかもしれない．実際，乾燥している場所にはすでにセイタカアワダチソウが侵入している．いずれにしても現状の生息環境は悪化し，本種の生息の可能性は低くなると予測された．一方，このヨシ群落を中心とした半径2.5 km以内に存在するどのヨシ群落においてもヒヌマイトトンボの生息

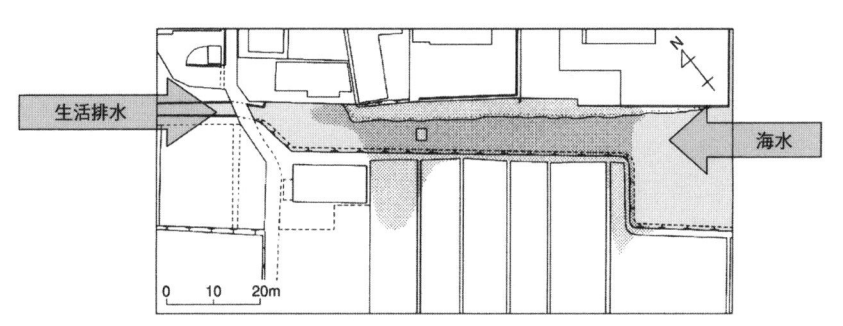

図6-2　ヒヌマイトトンボ発見時のヨシ群落の位置図．影の部分が生息地のヨシ群落で，水路南側は水田(放棄水田を含む)となっている．四角は人家を示し，それぞれの家庭の生活排水が水路に流されていた．ヨシ群落の東側はやや広い開放水域となっており，水門で海とつながっている．水門は満潮時は閉じられ，干潮時に開いて，開放水域に溜まった水が外海へと排出される．したがって，開放水域は塩分がやや低めの海水といえ，ヨシ群落内は淡水の生活排水と海水の接点となって10‰前後の汽水となっていた．

は確認できず，本生息地は完全に孤立していたのである．そこで，県は既存のヨシ群落を保護するだけでなく，建造物の再配置を行なって当初の計画を変更し，生息地に隣接する 2110 ㎡ が新たなヒヌマイトトンボの生息環境となるようにヨシ群落を創出することにした．この方法はノーネットロスの考え方と軌を一にしている．

　1999 年当時，ヒヌマイトトンボの生活史の記録は断片的であり，一例報告に終始していた．生活史戦略に関する定量的な研究は，幼虫時代も成虫時代もなされていない．また，生息環境としてのヨシ群落の構造についても，無機的環境要因についても，ミチゲーションにとって参考になる報告は全く存在しなかった．ただし，成虫の捕食者としては，ハナグモなどのクモ類よりも，アオモンイトトンボが重要であるという記載が多かったことは注目されていたようである．日中，成虫は密生したヨシ群落の下部にいて発見しにくいこと，汽水でしか幼虫が発見されないことなどが特筆され，これらの事例をかき集めてヒヌマイトトンボの生活環が作られていたといっても過言ではない．したがって，ヒヌマイトトンボの継続的な保護・保全のために必要な生活史や行動の日周性，個体群動態などはほとんど明らかになっていなかったといえよう．

　一時的定性的な一例報告しかなくとも，絶滅危惧種であるヒヌマイトトンボの保全対策は行なわれなければならない．河口域の開発に伴うヒヌマイトトンボの保護対策としてのミチゲーションは各地で試行され始めていた．たとえば，利根川河口のかもめ大橋建設予定地内で発見された個体群のミチゲーションのために，約 9000 ㎡ のヨシ原において水深や幼虫の分布が調べられ，新たなヨシ原が創出されている．しかし，その後のモニタリングによると，ヒヌマイトトンボは定着できなかったらしい．高規路道路の建設が予定されていた山口県宇部市の厚東川河口のヨシ原では，代替地として，道路建設で消失する面積より広いヨシ原をヒヌマイトトンボ生息地として創設し，そこへの個体群の定着を確認した後に道路を建設したというが，定量的な調査研究結果は公開されていなかった．このような現状のため，宮川浄化センター設置に伴うヒヌマイトトンボのミチゲーション事業は，ほとんど手探りの状態で始まったのである．しかも，浄化センターの稼働開始は 2006 年と決められていた．

(2) 調査方針

　ヒヌマイトトンボの新しい生息地を創るためには，周囲の植生景観や地形などまでを含めた創出地の詳細な設計図を描かねばならない．それには，ヨシの植栽方法や供給する汽水の塩分や量など，さまざまな環境要因について，ヒヌマイトトンボの生活にとって最適であるという根拠を示す必要がある．しかし，ヒヌマイトトンボに関する既存研究は定性的であったので，発見された生息地において，成虫や幼虫の生活史を定量的に把握することから始めねばならなかった．さらに，新しい生息地にヒヌマイトトンボがやってきたとしても，定着したかどうかや，その後，個体数が増加するのか減少するのかというミチゲーションの効果は，定量的な追跡調査を行なわねばわからない．これらのための適正なモニタリング方法も開発する必要があった．そのため，発見された生息地での早急な定量的調査を行なうとともに，得られたデータを，順次，創出地の設計図に反映することとなったのである．そこで調査方針は，大きく成虫時代と幼虫時代，ヨシ群落，の３つに分けられた．

　成虫の個体群動態については，まず羽化成虫を飼育し，羽化後の体色変化と性的な成熟度合の変化を調べることにした．次に，標識再捕獲法を用いて日あたり個体数や移出入，生存率などを推定するとともに，出現期間を特定している．ここで，体の小さなヒヌマイトトンボの標識再捕獲方法にはさまざまな工夫が必要であった．表に出ない「匠のコツ」は多い．ジョリー・セーバー法やマンリー・アンド・パー法を利用して日あたり個体数や日あたり生存率，個体群サイズなどを推定することになったが，将来，アマチュアや未経験者でも容易に調べることができるように，また調査自体で生息地が攪乱されないようなラインセンサス法の技術も開発しなければならなかった．さらに，標識で個体識別された成虫を，日の出から日没まで連続観察して，個体の行動の定量化も試みている．一方，成虫の生活空間について，ヨシ群落内の光環境や温度，湿度，風などを測定した．

　幼虫時代の場合，秋と春にコドラート調査をして，年１化性であることを確認するとともに，汽水の塩分や水温，水深，pHなどの無機的環境の年変動を測定した．また，雌を強制産卵させて得た卵から，孵化率や幼虫の塩耐性を実験的に調べている．

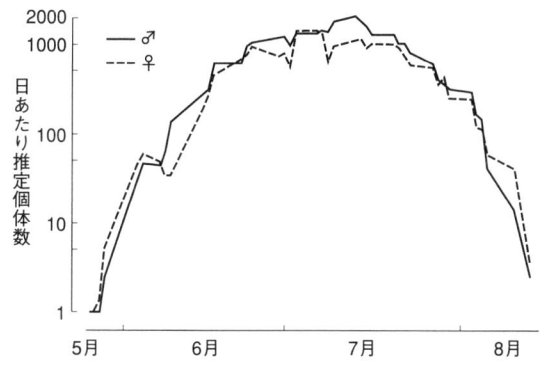

図6-3 発見された生息地において標識再捕獲を行なって得たヒヌマイトトンボの日あたり推定個体数の変化(2003年).マンリー・アンド・パー法を用いた後,3点移動平均で示してある.雌雄とも6月下旬から7月上旬までが飛翔期間のピークであり,どちらも,日あたり約1000頭であることがわかる.すなわち,生息地の保護を始めて4年目には,ピーク時には1㎡あたり約4頭が静止していることとなり,想像以上に高密度になったといえよう.雌雄の推定個体数にほとんど違いの見られないことは,本種がこのヨシ群落内に隔離され,この個体群全体がきちんと調査されていることの傍証となるだろう.野外の個体群に対してこの類の調査を行なうと,分散しがちな雌が過大に推定(再捕獲率が少ない)されてしまうのが普通だからである.

ヨシ群落については,単位面積あたりの桿の数や太さ,自然高などの植物生態学的調査とともに,群落内での落葉落枝の分解速度,根茎の発達度合なども調査・実験を行なうこととした.

6.3 調査結果——生活史と生息環境

ヒヌマイトトンボが発見されたヨシ群落における標識再捕獲調査で,成虫は5月下旬から8月上旬に出現し,発見当初は総計約5000頭の個体群と推定された.発生のピーク(6月下旬-7月上旬)における日あたり推定個体数は約1000頭だったので,密度は2頭／㎡となり,ピーク時にはかなりの高密度になっていたといえる.さらに,ヨシ群落内で羽化し,性的に成熟した成虫は,水面から20cmほどの高さの茎や葉に静止し,1時間に3-6回しか飛翔せず,1回の飛翔でも30cmしか移動しなかった.成虫のヨシ群落内での飛翔活性は低く,全生活史をヨシ群落の下部に限っていたのである.

我が国に産する200余種のトンボのうち,雌雄とも同所的に生息し,定住性

の高いことが定量的に調べられていたのは，ミヤマアカネとアオハダトンボのみであった．それがヒヌマイトトンボでも同様の傾向が明らかにされたのである．この意義は大きい．何しろ，隔離分布をし，近親交配の可能性があったにもかかわらず，自然状態で局所個体群が存続していたということは，ミチゲーションをして，周囲から隔離しても，生息環境を可能な限り整えて個体数を低下させなければ，人為的に存続させることができるかもしれないからである．

成虫の静止するヨシ群落の水面から20 cmの高さは相対照度が10％ほどで，相対風速は14％にすぎなかった．生息地のヨシの稈は1 m²あたり最大で440本と高密度だったためであり，葉や茎が光や風を遮り，ヨシ群落下部は稈が林立する狭くて暗い空間だったのである．一方，ヨシ群落内を流れる汽水の塩分は，季節的な変動はあるものの，20‰を超えることはなく10‰前後であった．

秋と春に行なった幼虫の調査から，ヒヌマイトトンボは年1化性で，幼虫越

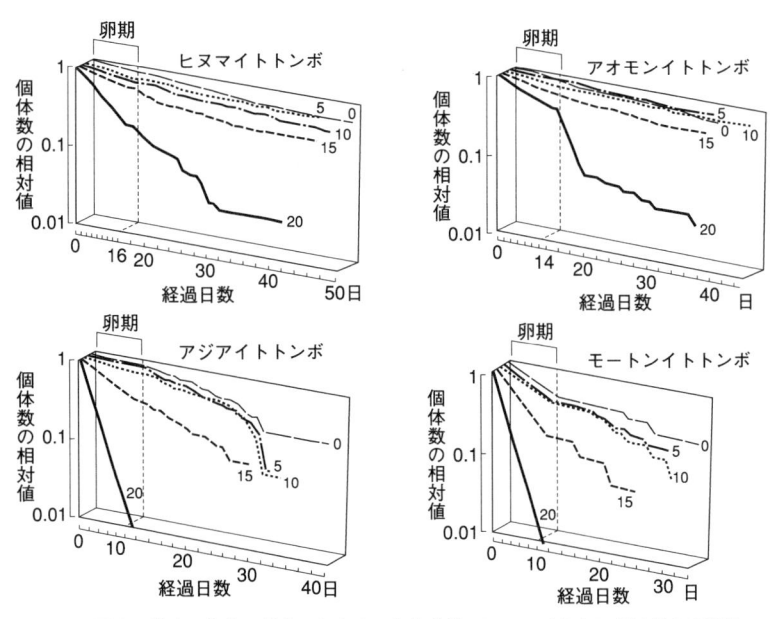

図6-4 異なる濃度の塩分で飼育したときの生存曲線．ヒヌマイトトンボ以外の3種は，ヒヌマイトトンボが発見されたヨシ群落周辺で普通に見られた種である．縦軸は個体数の相対値を，横軸は産卵後の日数をとってある．図中の数字は塩分を示し，0は淡水で，5‰，10‰，15‰，20‰を表わす．この図から，アジアイトトンボとモートンイトトンボは汽水環境で生息できないが，アオモンイトトンボは，ヒヌマイトトンボと同様の塩水の環境に生息できることがわかる．

冬を行なうことと，その他のトンボの幼虫は一切捕獲されず，このような汽水環境には，同所的に生息する種の存在しないことが明らかにされた．しかし飼育実験によると，アオモンイトトンボの耐塩性はヒヌマイトトンボと同程度で，蔵卵数はヒヌマイトトンボの2倍を超えているため，この種が同所的に生息を始めると，ヒヌマイトトンボの個体群は捕食による壊滅的な打撃を受ける可能性が考えられた．ただし，この種は開放的な環境を好むので，ヨシの稈が高密度で閉鎖的なヨシ群落であると，侵入できないようではあった．

6.4 創出地の設計と建設

創出地の設計図面を描く頃は，まだ，ヒヌマイトトンボについてわからないことだらけであった．たとえば，既存の観察報告では，生息地の水深は浅いというものの，具体的な数字はどこにも書かれていない．潮の干満に影響を受けるという記載を信じるなら，水深が0 cmもあり得るかもしれない．実際，発見された生息地では，大雨が降れば10 cmほどになり，晴天が続けばあちこちで干上がっていた．ヨシの根元のヘドロは1 mも堆積しており，複雑に入り

図6-5　稼働したばかりの宮川浄化センターの航空写真(2006年)．囲まれた部分が浄化センターの敷地で，ヒヌマイトトンボの発見されたヨシ群落と，ミチゲーションにより創り出されたヨシ群落は，斜線で示されている．

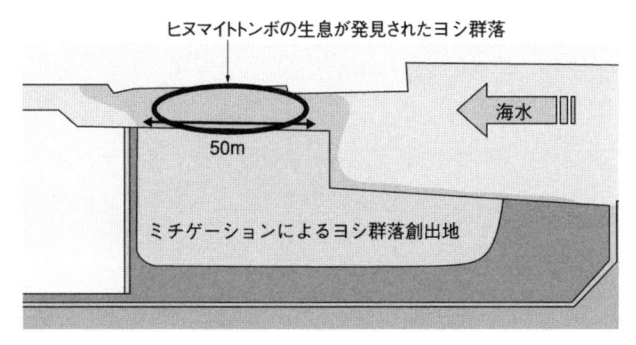

図6-6 ミチゲーションにより創り出されたヨシ群落の位置図．この時点で，上流からの淡水の流入は停止している．

組んだヨシの根茎の間を生活排水が流れているので，塩分も一様ではない．これまでの報告と実際の生息地の環境とは一致しないことが多かったのである．そこで凹凸の豊富な微地形を作り，海水と淡水を混合した汽水も，3 カ所から異なる濃度で流すようにして，創出地の中に，さまざまな塩分と水深の場所を生じさせて，幼虫の生息場所となるように設計した．創出すべきヨシ群落は，成虫の好適な生息場所とするだけでなく，アオモンイトトンボの侵入を防ぐために，創出初期から高い稈密度を保つように根茎を移植している．

2003 年 1 月に，この地域一帯のヨシの茎を地上から 50 cm の高さを残して刈り取り，重機を使用して深さ約 20 cm，幅 1.6 m，奥行き 0.6 m の大きさで土壌を採取した．このブロック状になった根茎を含む土壌を，水路の南側に接する 2110 m² のあらかじめ掘り下げた放棄水田にベタ貼りで敷き詰めた．創出地の水は，既存生息地下流に設置した取水口からくみ上げた海水と淡水（主として雨水）を混合させ，西側の 3 カ所から供給している．

6.5 創出後の調査

ヒヌマイトトンボの保全を目的として 2003 年 1 月に創出したヨシ群落を毎年調査し，既存の生息地と定量的に比較し，幼虫と成虫の生息環境の視点から評価し，創出した生息環境の維持管理における基礎的な資料としている．すなわち，創出後のヨシ群落の生長過程を調べるため，既存のヨシ群落と創出地に永久コドラートを設置し，芽生えたヨシのシュートに個体番号を付し，自然高

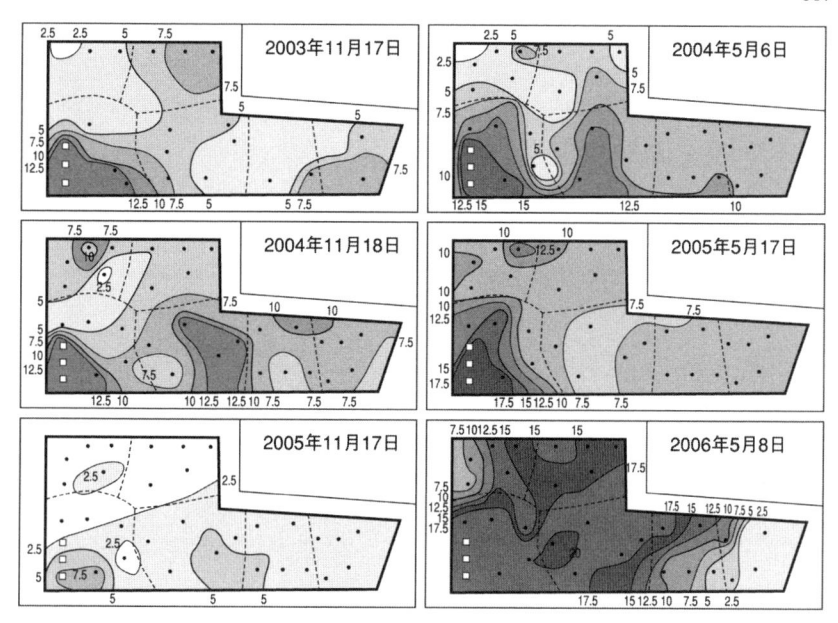

図6-7 新たに創り出されたヨシ群落内を流れている汽水の塩分濃度分布の年変化．西側にある3つの白い四角は汽水供給口である．図中の数字は‰を示す．

や太さを週ごとに測定した．塩分と照度，水温も測定している．

　幼虫の生息個体数調査は，創出された年の秋から，原則として秋(11月)と春(5月)に1回ずつ実施された．秋の調査時の幼虫は若齢で体も小さいが，一般に，均翅亜目の若齢幼虫は産卵された場所からあまり移動しないので，幼虫の分布から産卵した雌成虫の活動範囲も推定しようとしたのである．一方，春の調査では，卵越冬した他種の幼虫も同時に採集できるので，ヒヌマイトトンボにとっての捕食者や生態学的地位の競合種を評価する資料とした．

　ヒヌマイトトンボの成虫の個体群サイズを把握するための最も精度の高い推定法は，標識再捕獲調査である．しかし，2000 ㎡を超える創出地での標識再捕獲調査の実施には，多数の調査員を投入する必要があるとともに，調査に伴うヨシ群落の撹乱も危惧された．調査員がヨシを踏みつけたり折ったりすれば，その場に小さなギャップができてしまうからである．閉鎖的な群落内にギャップが生じれば，本種の捕食者となるアオイトトンボなどの小動物も侵入してくるにちがいない．一方，環境アセスメント調査で頻繁に用いられるライントランセクト調査をここで行なうことは，必要とする調査回数が少なく，ヨシ群落

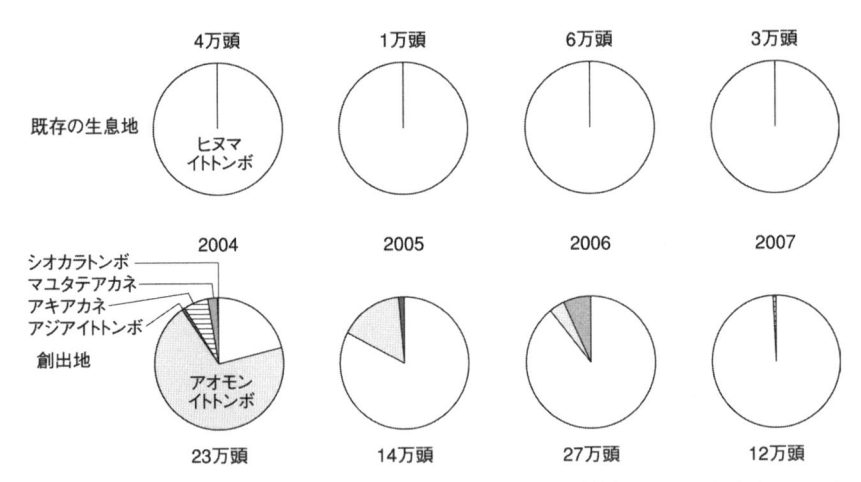

図 6-8 5月初旬における幼虫の種類と推定総個体数．既存のヨシ群落内からは，どの年もヒヌマイトトンボしか採集されなかったが，2年目の創出地の幼虫（したがって，初年度に飛来した成虫が産んだ卵から孵化した幼虫）は，ヒヌマイトトンボよりもアオモンイトトンボが優占していた．しかし年々アオモンイトトンボの数は減少し，2007年までにはほぼ消滅している．なお，数字は推定幼虫数を示している．

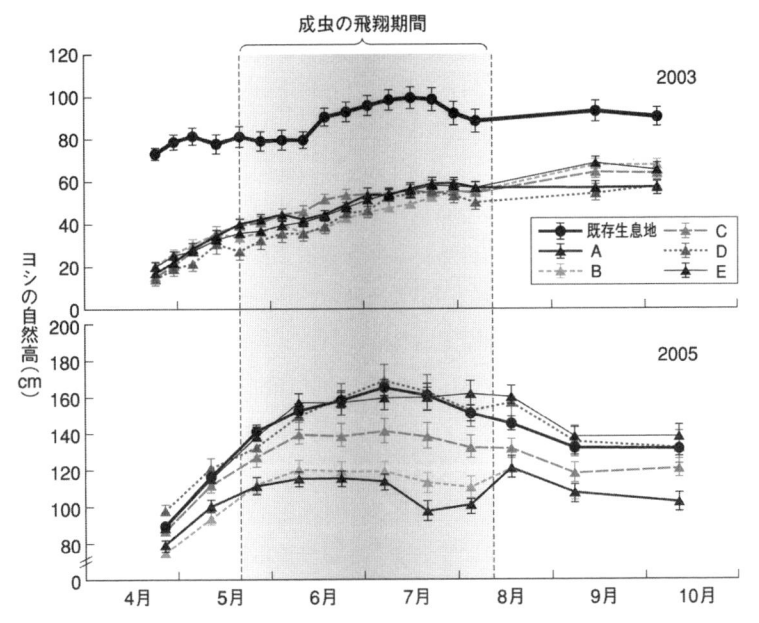

図 6-9 ヨシの自然高の季節変化．A, B, C, D, E は創出地に東から西にかけて設置したコドラートの記号である．2003年は植え痛みなどによって創出地のヨシ群落の背は低かったが，2005年には，創出地西側で既存の生息地に追いついてきたことがわかる．

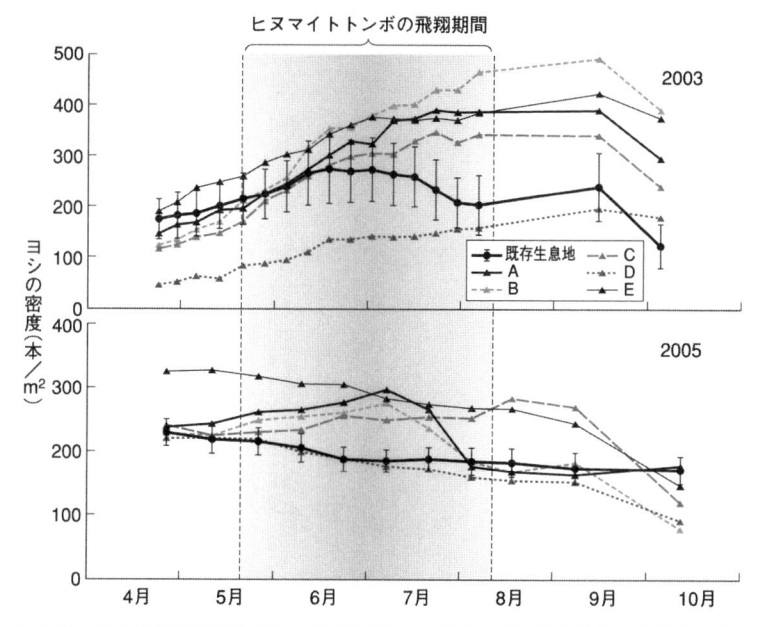

図6-10 ヨシの密度の季節変化．創出地においてヨシの芽生えた数は，根茎を植えた2003年でも，既存の生息地と遜色のない場所が見られた．しかし，ヨシの桿は細く，この結果，ヨシの根元の光環境は開放的になってしまった．

への影響も最小限にすることができるものの，相対的な生息数しか把握することができず，個体群サイズを定量的に推定することはできない．そこで，既存の生息地において標識再捕獲調査と同時にライントランセクト調査を行ない，得られた日あたり推定個体数とライントランセクト調査の観察数との相関関係式を導き出した．これらを基礎として，創出地におけるラインセンサス調査から各種の個体群パラメーターを推定し，検討を行なっている．

6.6 創出地への分布拡大

ヨシの根茎をいかに密植したとはいえ，移植の影響（植え痛み等）で，初年度のヨシ群落の生長は良くなかった．芽生えたヨシの桿は細くて短かったため，創出地は全体に開放的となり，アオモンイトトンボが大発生するとともに，塩分の低くなった場所にはシオカラトンボやギンヤンマ，各種のアカネ属がやってきて産卵した．これらの種は，幼虫時代も成虫時代もヒヌマイトトンボの捕

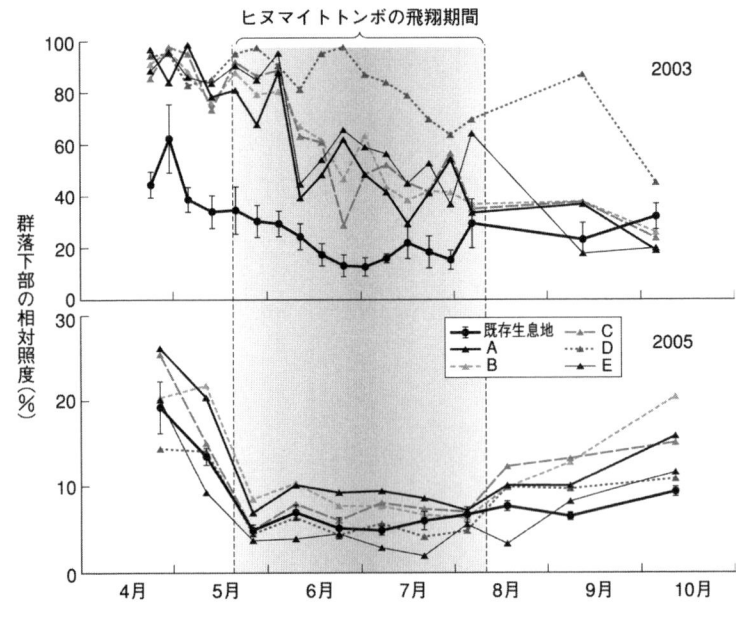

図6-11 ヒヌマイトトンボ成虫の生息するヨシ群落下部(高さ20 cm)の相対照度の季節変化. 2003年が開放的であったため、以後、前年のヨシを放置して立ち枯れ状態にしたところ、2005年には、満足のいく光環境を創り出すことができた. なお、この年からはヨシの生長も順調に進んだため、秋にはヨシの刈り取りが行なわれている.

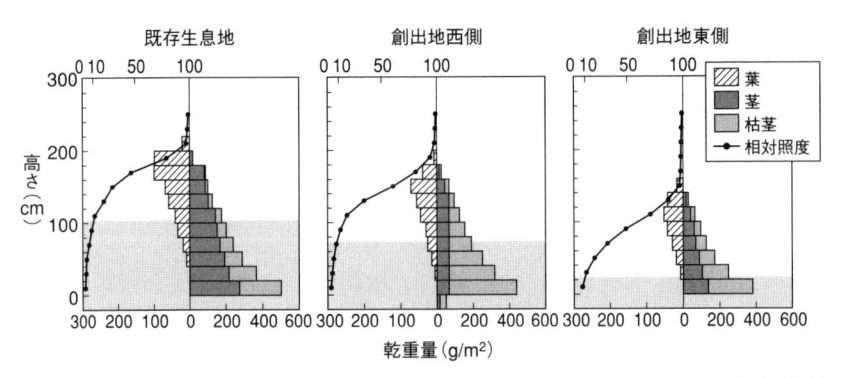

図6-12 2005年のヒヌマイトトンボ成虫の飛翔期間直前のヨシ群落生産構造図. 影の部分が相対照度10%以下となった高さを表わす. 創出地東側では同化器官も非同化器官も生長が悪く、光は群落下部まで届いていたことがわかる. この年、ヒヌマイトトンボ成虫にとって好適な場所は、創出地西側であったことがわかる.

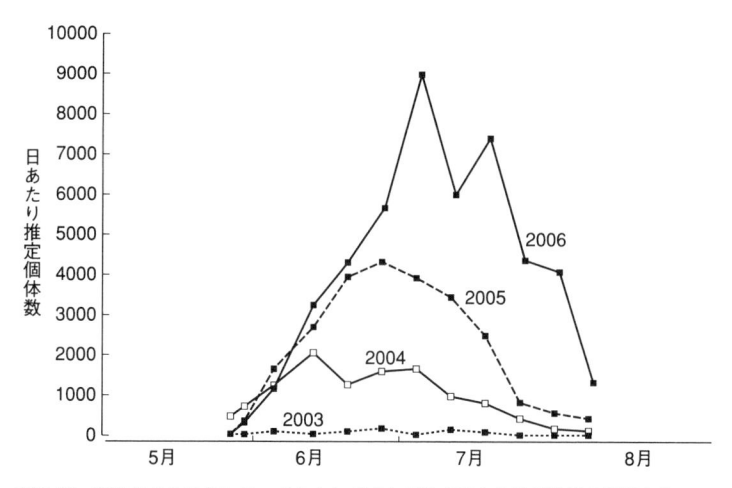

図6-13 創出地におけるヒヌマイトトンボ成虫の推定日あたり個体数の季節変化.

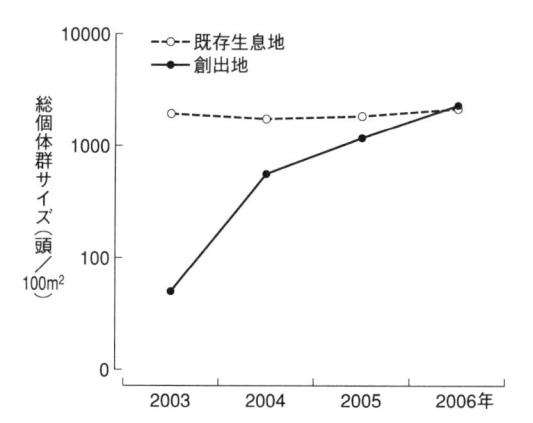

図6-14 ヒヌマイトトンボの総個体群サイズの年変化. 既存生息地と創出地では面積が異なるので, 100 m²あたりの推定総個体数に換算してある.

食者となっていたにちがいない．それでも，少数のヒヌマイトトンボの成虫が創出地で発見されたので，環境さえうまく整えてやれば，ミチゲーションは成功すると期待された．

　他種の幼虫を排除しヒヌマイトトンボにとって好適なヨシ群落とするためには，汽水の塩分を上昇させ，群落を閉鎖的にしなければならない．前者は制御しやすいが，後者の場合，ヨシの生長を促進させる手だてはあまりない．しかし，それを待つ時間的な余裕はなかったので，とりあえず前年に立ち枯れたヨシを刈り取らずにおいて，ヨシ群落下部を既存生息地同様の光環境にすることにしたところ，アオモンイトトンボなどの他種の個体数を激減させることができた．

　創出地におけるヒヌマイトトンボ成虫の分布は，創出2年目に，既存の生息地から10-15 m離れた場所に集中し，3年目には40 mまで拡がったと推定された．創出地南端は既存生息地から概ね30 m離れた位置にあり，ヒヌマイトトンボは生涯飛翔距離の短い特性をもつことから，40 m以遠で確認された個体は，既存生息地から移動したのではなく，創出地内で産卵された個体が出現したものといえる．そして4年目には，創出地全域に分布域を拡大した．

　創出地全体に分布を拡大したヒヌマイトトンボの個体数は増加の一途を辿った．コントロールとした既存の生息地では，2003年からの4年間で安定した個体数を示していたことから，この増加は，ミチゲーションの成功を意味している．特に，4年目となる2006年には，単位面積あたりの推定総個体数が既存生息地とほぼ同数となり，調査結果を反映した管理方針が適切であったと評価された．

6.7 ミチゲーションの評価と提言

　1999年のヒヌマイトトンボの発見時より，既存の生息地は，ヨシ刈り等の人為的な圧力も極力排除する方向で管理して，発見時の状態の維持に努めたところ，成虫の総個体数は，調査初期の大きな年次変動を経て，2003年以降は，15000頭前後と安定してきた．すなわち，この4年間の既存生息地はヒヌマイトトンボの生息環境として良好な状態で維持されていたといえ，これまでの保全対策が概ね成功して個体群の衰亡を防いだと考えられ，評価できよう．しか

し，ヨシ刈りを実施しなかったために，リターの堆積による部分的な陸地化の進行が認められ，淡水の流入が止まったことによる冬季の水位の低下が目立つという弊害が生じてきた．これらの結果は，生息地が本種の生息環境として適さなくなるかもしれないという当初の予測が正しかったことを裏づけている．そこで今後，淡水の適正な供給を行なうとともに，浚渫やヨシ刈りによるリターの堆積防止等の検討が必要であると提言された．

　創出地におけるヨシ群落は年々生長し，4年目には，自然に生じたヨシ群落と遜色のないほどヨシの稈が密生するようになった．しかし，ヨシの刈り取りを実施しなかったため，ここでも，リターの堆積による陸地化が部分的に始まってきた．今後，これまでと同様にヨシ刈りを実施しないまま管理した方が良いかどうか，検討しなければならない．毎年，このような提言が調査終了後に三重県に報告され，翌年の維持管理方針が決められているのである．

おわりに

　公園や畑で，小さな男の子や女の子が小さな網を振り回して，チョウやトンボ，セミ，バッタなどを追いかけ回し，その後ろから母親や父親が歩いているという構図が，少し前までの日本では，どこでも普通に見られていた．ときには父親が代わって網を振り，子供に尊敬されたこともあったにちがいない．虫の習性をよく知らねば虫取りができないので，子供も大人も，知らず知らずのうちに生活史を観察していたといえよう．その結果，我が国の大人は，季節の移ろいを新緑や紅葉といった植生景観の変化で感じるだけでなく，モンシロチョウが飛ぶのを見て春を感じようとし，セミの鳴き声で盛夏を実感し，アカトンボを見てふるさとを偲び，コオロギの声で晩秋の愁いに沈むのである．このこと自体は，欧米人よりもこの分野に関する知識量は多く，誇るべきことかもしれない．ドイツの片田舎では，今でも，トンボは「蚊のように刺す」危険な昆虫として忌避されるという．しかし我が国では，これらとは全く異質の偏見が存在している．すなわち，チョウやトンボの研究は子供の研究であり，「格調の高い崇高な自然科学」の研究対象には馴染まないというのであった．これらの背景や理由は本文を読んでいただくとして，ここでは，愛好家に対するプロの研究者の割合が日本では極端に低いことだけを挙げておこう．

　現在の日本では，大人も子供も，農村部でも都市部でも，チョウやトンボを愛でることが少なくなってしまった．子供たちは「より強く，即効性のある超刺激」を求めてコンピューターの中の非現実世界に入り浸り，野外の自然に目を向けない．チョウやトンボも減ってきたため，昔の子供たちは捕獲技術の腕を振るえず，今の子供たちから尊敬してもらえなくなってしまった．なまじうまく捕まえると「かわいそう」という非難の大合唱を浴びてしまうかもしれない．一方，生物多様性の保全や持続可能な社会の構築などという外圧は，我が国の環境保全行政に，建前だけは「自然環境保全」という規則を作らせてしまった．しかしこのルールにしたがって環境保全を行なえるだけの知識も技術も，

我が国では充分に拡がっていない．

　「研究」と「保全事業」は全く異なるものである．同じ観察記録を用いても，小学生の「夏休みの宿題」と研究者の「論文」が方法論という出発点で異なっているということと本質的には変わらない．しかし，この認識が我が国で根付いていないのは残念なことである．これまでに出版された「保全」関係の教科書では，「保全の理念」や「環境倫理」は唱えられても，それらの根拠となる基礎的な生物のデータの妥当性が定量的に吟味されたことは少なかった．保全関係の教科書において，野外調査「技術」は通り一遍の紹介しかなされないことが多い．野外の生物の調査・研究のフローを方法論からしっかりと教えている大学や大学院はほとんどないといっても良いだろう．したがって，標識再捕獲調査を行なっても，方法論をもたない見よう見まねの技術のため，データが不充分であったり，データの正確さの吟味ができなかったりして，そのこと自体を理解していないような保全関係の学会発表も散見される．環境アセスメントの審議会において，貴重種のハッチョウトンボの翅に標識したラッカーが重すぎて，正常に飛べずにその日のうちにほとんどが死亡してしまったらしいにもかかわらず，「翌日に再捕獲個体が得られなかったので分散力が強い種」という結論を出した報告書に対しては，調査者の生態学的知識と技術力の低さとともに，この結論を容認した「学識経験者」といわれる人々の力量も問題にされるべきであろう．

　本書では，「保全生態学」が応用生態学の一分野であろうとなかろうと，現代人がもっていてほしい身の回りの生物，特にチョウやトンボを中心として，それらの生活史を理解したり，我が身との関係を考える視点としたりするための基礎的な知識を概観した．生態学的な基礎知識は，できるだけ方法論に触れながら，高校レベルの論理的思考ができれば理解できる話の流れになるよう試みている．そのため，三重県環境影響評価委員会委員として環境保全行政の表と裏を見るとともに，生態学には全くの門外漢である開発事業者や自治体関係者に「保全生態学」を理解していただくために奮闘した表現方法もあちこちに含めてみた．ただし，その結果として，誤解を与えるいいまわしであると専門家から指摘される場所があるかもしれない．ご助言とご批判をいただければ幸いである．

　本書では，個体群レベルを基礎とした生活史戦略から「保全生態学」を概観

し，群集レベル以上についての解説はできる限り控えた．保全の現場では，生物多様性といいながらも，調査方法は個体群レベルの方法が援用されていたり，貴重種の保護・保全に重点がおかれたりしているので，数量的扱いを理解するには，個体群レベルの例が最適と考えたからである．しかし，「保全」にとって，群集の構造や機能，動態の把握は重要である．最終章で紹介したヒヌマイトトンボのミチゲーションの例のように，箱庭的に生息場所を管理したとしても，野外であれば必ず，種間関係や群集，生態系の理解が必要になってしまう．一方，「チョウやトンボを通して」と明記しながら，チョウやトンボの生活史の記載も，系統分類も地理分布も，ほとんど本書では扱わなかった．むしろ，チョウやトンボの研究の光と影を，保全生態学の光と影に絡ませて，「保全」の問題点を浮かび上がらせたつもりである．チョウやトンボの生活史を知らねば理解できない例の場合のみ，重複をかえりみず，背景を繰り返し解説してみた．このような本書の試みの是非は，最終的には著者の責任に帰するが，これについても，ご批判をいただければ幸いである．

....

2004-2005年は『チョウの生物学』(東京大学出版会)と『生態学入門』(東京化学同人)が出版された年でした．前者では2つの章の執筆を担当しただけでしたが，後者では編集委員長として，担当執筆者の尻をたたきながら，最初から最後までの文章のバランスをとって，しかも，期限内に出版させるという経験をしました．そして2007年に発行された『トンボ博物学――行動と生態の多様性』(海游舎)という大著では，一部の日本語訳を担当したところです．これらの執筆過程についてはいろいろと得難い経験をし，それらをまとめれば1冊の小説が書けるくらいになってしまいます．一方，ヒヌマイトトンボのミチゲーションに関わって，実際の保全事業をゼロからスタートさせた経験は，専門外の人々や開発関係者がどのように「生態学」を見ているのか，そして，彼らにどのように「生態学」を伝えたら良いのかについて貴重な体験をしました．さらにその過程は「保全生態学」という学問をゼロから考えるきっかけとなっています．

　本を一人で1冊丸ごと書くというのは，20年以上も前に経験しただけです．

あのときは，博士論文の内容を柱として，それにさまざまな見聞を加えた結果，ほぼ自分のデータだけを使えたので，内容についての責任にそれほど気は遣いませんでした．今度は，「保全生態学」に関する講演や一般向けセミナーの要旨，大学院の授業における配布物，教科書用執筆草稿など，あちこちに書き散らしたさまざまな文章をまとめながら手を入れたので，たくさんのデータを引用しています．ここに挙げたデータは，可能な限り原典にあたって確認してから，取捨選択してまとめましたが，内容に関する責任は著者にあります．

　本書を完成させるためには，いろいろな方にお世話になっています．楽しいイラストは私の研究室の卒業生の味村泰代さんが描いてくれました．井川輝美教授(盛岡大学)，小林和幸氏(元三重県環境部)，田口正男博士(県立津久井高等学校)，石田厚博士(森林総合研究所)，河原崎里子博士(成蹊大学)，山根爽一教授(茨城大学)，鈴木基之氏(宮川浄化センター)はお忙しいにもかかわらず原稿を読み，適切な意見を与えてくれました．また，ヒヌマイトトンボの保全事業に携わった三重県土木部や環境アセスメント会社の皆様からは，ともすればミチゲーション事業から逸脱した私どもの研究に対してまで，多大のご支援をいただいています．研究室の卒業生である東敬義，佐藤康二，中西康之，村岡一幸の皆さんには，地方自治体職員や学校教員という立場から多くの情報をいただきました．なお，東京大学出版会編集部の光明義文氏には，遅れがちな原稿を辛抱強く待っていただきながら，本書の刊行までのあらゆることでお世話いただきました．ここに厚くお礼申し上げます．

さらに学びたい人へ

日本生態学会・生態学教育専門委員会編(2004)『生態学入門』．東京化学同人．
　現代生態学のアウトラインを，大学の一般教養レベルより少し高度な内容ながら，わかりやすく簡潔に俯瞰している入門書である．特に，従来の教科書に見られる枚挙主義的な羅列やレベル観を廃し，集団遺伝学をはじめとする周辺領域との関わりにも多くのページが割かれ，生態学こそ生き物の進化を研究する生物学の中で最も魅力的な学問であることを主張している．また，保全の章では，これからの地球環境を考えるうえで必要とされる生態学の基礎知識と方法論を網羅しているので，保全生態学の入門書ともすることができる．文章も読みやすく，一度は，最後まで通読すべきであろう．

嶋田正和・山村則男・粕谷英一・伊藤嘉昭(2005)『新版 動物生態学』．海游舎．
　「利己的遺伝子」を武器に発展しつつある進化生態学や行動生態学などの解説が新版で充実し，現時点では，最も詳細な動物生態学の専門書といえよう．個体群変動から始まる章立ては伝統的な生態学の教科書に沿っている．ただし，新版に追加された保全生態学と大きな関わりをもつメタ個体群や生物多様性などの学問分野が動物生態学のどこに位置づけられるのか，初学者にはわかりにくいかもしれない．また，章によっては難解な部分もあり，『生態学入門』を理解した後に読むべき本といえる．

本田計一・加藤義臣編(2005)『チョウの生物学』．東京大学出版会．
　チョウに関して，遺伝子レベルから群集レベルまで，また，保全や研究史まで網羅したはじめてのモノグラフといえる．具体的なチョウの研究をつまみ食いしたり，チョウの保全に関わる場合は，何かと参考になる記載が多いであろう．ただし，章によっては，現代進化生態学の基礎となる個体(あるいは遺伝子)の適応度が理解されていないと思われる解説があったり，表面的な総説に

終始したりしているので，注意が必要である．

大崎直太編(2000)『蝶の自然史——行動と生態の進化学』．北海道大学図書刊行会．
　主としてチョウの行動や生態に関する解説書である．『チョウの生物学』と重複する内容もあるが，生活史の記述に重点がおかれ，チョウの生態学の基礎として一読すべきであろう．ただし，どの章でも方法論にほとんど触れられていないので，具体的な保全のための調査に適用できるとは限らない．

P. S. Corbet(椿宜高・生方秀紀・上田哲行・東和敬監訳)(2007)『トンボ博物学——行動と生態の多様性』．海游舎．
　1999年に発刊された大著の原著の全訳で，原著よりもページ数が大幅に増えた大著になってしまった．初版発行以来，訳出に時間がかかったものの，この間に発見した原著のミスはすべて訂正してあるため，現時点で，原著よりも正確なトンボのモノグラフといえる．訳文もそれなりに読みやすい．専門用語も可能な限り和訳してあるので，今後のトンボに関する各種報告書・和文論文の標準用語となるであろう．示された文献は多く，この時点における世界中のトンボ研究のほぼすべてを一瞥できることは評価できる．なお，我が国の研究者の引用も多い．

日本環境動物昆虫学会編(2005)『トンボの調べ方』．文教出版．
　我が国には，1970年代から，美しい生態写真とともに，トンボの成虫や幼虫をそれぞれ検索できる図鑑が発刊されてきた．本書にはカラー図版がないものの，これ1冊で幼虫でも成虫でも検索できることと，簡単な調査・観察・飼育方法や，保全の実例などが広範囲に解説されているのが特徴である．方法論などの面倒なことは考えず，とりあえずトンボと触れ合いたい場合には好適であろう．むしろ，本書を出発点にして，保全生態学へと発展させた方が良いかもしれない．

宮脇昭編(1977)『日本の植生』．学習研究社．
　もう30年も前の本となり，示されているデータも古くなってしまったが，

挙げられている写真や図とともに解説された我が国の植物群落や植生景観に関する記載は，その後の類似本の追従を許さない．保全生態学の基礎として，揃えておきたい本である．

Southwood, T. R. E. & P. A. Henderson (2000) "Ecological Methods". Blackwell Science.

　我が国では，絶版になってしまった伊藤・村井(1978)『動物生態学研究法』や生態学実習懇談会(1967)『生態学実習書』が野外調査の技術や解析方法を解説した好著であるが，現在，手に入りやすく，生物全体を網羅した調査・実験方法の解説を試みた百科事典的な図書は，これにつきる．

参考文献

Ban, Y., K. Kiritani, S. Miyai & K. Nozato (1990) Studies on ecology and behavior of Japanese black swallowtail butterflies. VIII. Survivorship curves of adult male populations in *Papilio helenus nicconicolens* Butler and *P. protenor demetrius* Cramer (Lepidoptera: Papilionidae). Appl. Ent. Zool., 25:409-414.

Birkhead, T.R. & A.P. Møller (eds.) (1998) Sperm Competition and Sexual Selection. Academic Press.

Blower, J. G., L. M. Cook & J. A. Bishop (1981) Estimating the Size Animal Populations. George Allen & Urwin.

Brooks, S. (2002) Dragonflies. The Natural History Museum, London.

Cordero Rivera, A. (ed.) (2006) Forests and Dragonflies. Pensoft.

d'Aguilar, J., J.-L. Dommanget & R. Prechac (1985) A Field Guide to the Dragonflies of Britain, Europe & North Africa. Collins.

Daly, H. V., J. T. Doyen & P. R. Ehrlich (1978) Introduction to Insect Biology and Diversity. McGraw-Hill Book.

Dennis, R.L.H. (ed.) (1992) The Ecology of Butterflies in Britain. Oxford Science Publications.

Dowdeswell, W.H. (1981) The Life of the Meadow Brown. Heinemann Educational Books.

Ehrlich, P.R. & I. Hanski (2004) On the Wings of Checkerspots. Oxford Unversity Press.

江崎保男・田中哲夫編(1998)水辺環境の保全――生物群集の視点から．朝倉書店．

福田晴夫・高橋真弓(1988)蝶の生態と観察．築地書館．

日高敏隆監修(1997)日本動物大百科 8　昆虫 I．平凡社．

日高敏隆監修(1997)日本動物大百科 9　昆虫 II．平凡社．

東敬義・渡辺守(1998)典型的な里山の溜池における蜻蛉目幼虫の分布．三重大学教育学部研究紀要，49(自然科学):19-28.

本田計一・加藤義臣編(2005)チョウの生物学．東京大学出版会．

Hunter, M.L.Jr. (2002) Fundamentals of Conservation Biology. Blackwell Science.

井川輝美・諏佐晃一・渡辺守(2006)海洋性昆虫ウミアメンボ *Halobates japonicus* Esaki (Hemiptera: Gerridae) の群れと繁殖器官に関する予備的研究．盛岡大学紀要，23:103-108.

伊藤嘉昭(1977)昆虫生態学の基礎 1．インセクタリゥム，14:14-19.

伊藤嘉昭・法橋信彦・藤崎憲治(1980)動物の個体群と群集．東海大学出版会．

Ito, Y., A. Shibazaki & O. Iwahashi (1969) Biology of *Hyphantria cunea* Drury (Lepidoptera: Arctiidae) in Japan. IX. Population dynamics. Res. Popul. Ecol., 11:211-228.

巌俊一(1988)巌俊一生態学論集．思索社．

岩田周子・渡辺守(2004)河口域の抽水植物群落に生息する均翅亜目幼虫の塩分耐性. 昆蟲, 7:133-141.
木元新作(1976)動物群集研究法Ⅰ. 多様性と種類組成. 共立出版.
桐谷圭治・田中章(1987)馬毛島で大発生したトノサマバッタ. インセクタリウム, 24:44-54.
Krebs, C.J. (1972) Ecology. Harper & Row.
窪田宣和(2007)海を渡る蝶　アサギマダラ. ナショナルジオグラフィック日本版, 13(5):72-77.
Lloyd, M. (1967) Mean crowding. J.Anim.Ecol., 36:1-30.
松浦聡子・渡辺守(2004)ヒヌマイトトンボ保全のために創出したヨシ群落1年目の動態と侵入した蜻蛉目昆虫. 保全生態学研究, 9:165-172.
Miller, P.L. (1987) Dragonflies. Cambridge University Press.
森下正明(1979)森下正明生態学論集. 第1巻, 第2巻. 思索社.
Morris, R. F. (1957) The interpretation of mortality data in studies on population dynamics. Can. Ent., 89:49-69.
Morris, R. F. (1959) Single-factor analysis in population dynamics. Ecology, 40:80-588.
元村勲(1935)群落の調査面積と出現する種類の数の関係. 生態学研究. 1:195-199.
Muraoka, K. & M. Watanabe (1994) A preliminary study of nectar production of the field cress, *Rorippa indica*, in relation to the ages of its flowers. Ecol. Res., 9:33-36.
New, T.R. (1997) Butterfly Conservation. 2nd ed. Oxford University Press.
日本環境動物昆虫学会編(2005)トンボの調べ方. 文教出版.
日本生態学会編(2004)生態学入門. 東京化学同人.
日本自然保護協会編(1979)雑木林の自然かんさつ. 日本自然保護協会.
野村健一(1974)昆虫学ガイダンス. ニュー・サイエンス社.
沼田真編(1969)図説植物生態学. 朝倉書店.
Oberhauser, K.S. & M.J. Solensky (eds.) (2004) The Monarch Butterfly Biology and Conservation. Cornell University. Press.
Odum, E.P. (1971) Fundamentals of Ecology. 3rd ed. W.B. Saunders Company.
大崎直太編(2000)蝶の自然史——行動と生態の進化学. 北海道大学図書刊行会.
O'Tool, C. (1988) The Dragonfly Over the Water. Gareth Stevens Publishing, Milwaukee, 1988, Oxford Scientific Films.
Pianka, E.R. (1974) Evdutionary Ecology. Harper & Row.
Primack, R.B. (2004) A Primer of Conservation Biology. Sinauer Associates.
Pullin, A.S. (2002) Conservation Biology. Cambridge University Press.
Pullin, A.S. (ed.) (1995) Ecology and Conservation of Butterflies. Chapman & Hall.
嶋田正和・山村則男・粕谷英一・伊藤嘉昭(2005)新版　動物生態学. 海游舎.
Southwood, T.R.E. & P.A. Henderson (2000) Ecological Methods. Blackwell Science.
Susa, K. & M. Watanabe (2007) Egg production in *Sympetrum infuscatum* (Selys) females

living in a forest-paddy field complex (Anisoptera: Libellulidae). Odonatologica, 36:161-172.

Suzuki, N., A. Niizuma, K. Yamashita, M. Watanabe, K. Nozato, A. Ishida, K. Kiritani & S. Miyai (1985) Studies on ecology and behavior of Japanese black swallowtail butterflies. 2. Daily activity patterns and thermoregulation in summer generations of *Papilio helenus nicconicolens* Butler and *P. protenor demetrius* Cramer (Lepidoptera: Papilionidae). Jap. J. Ecol., 35:21-30.

鈴木芳人・山口勝幸・伊賀幹夫・広瀬義躬・木元浩之(1976)ウンシュウミカン園におけるアゲハ卵の空間分布.応動昆,20:177-183.

田口正男・渡辺守(1984)谷戸水田におけるアカネ属数種の生態学的研究.I.成虫個体群の季節消長.三重大学教育学部研究紀要,35(自然科学):69-76.

田口正男・渡辺守(1985)谷戸水田におけるアカネ属数種の生態学的研究.II.ミヤマアカネの日周期活動.三重大学環境科学研究紀要,10:109-117.

田口正男・渡辺守(1986)谷戸水田におけるアカネ属数種の生態学的研究.III.アキアカネの個体群動態.三重大学教育学部研究紀要,37(自然科学):69-75.

田口正男・渡辺守(1995)谷戸水田におけるアカネ属数種の生態学的研究.VI.ナツアカネの連結打空産卵と胸部体温.三重大学教育学部研究紀要,46(自然科学):25-32.

ユクスキュル・ヤーコブ・フォン(日高敏隆・野田保之訳)(1973)生物から見た世界.思索社.

VanCleave, J. (1996) Ecology for Every Kids. John Wiley & Sons.

Varley, G. C. & G. R. Gradwell (1960) Key factors in population studies, J. Anim. Ecol., 29:399-401.

Varley, G. C., G. R. Gradwell & M. P. Hassell (1973) Insect Population Ecology. Blackwell Scientific Publications.

Watanabe, M. (1978) Adult movements and resident ratios of the black-veined white, *Aporia crataegi*, in a hilly region. Jap. J. Ecol., 28:101-109.

Watanabe, M. (1979a) Population dynamics of a pioneer tree, *Zanthoxylum ailanthoides*, a host plant of the swallowtail butterfly, *Papilio xuthus*. Res. Popul. Ecol., 20:265-277.

Watanabe, M. (1979b) Natural mortalities of the swallowtail butterfly, *Papilio xuthus* L., at patchy habitats along the flyways in a hilly region. Jap. J. Ecol., 29:85-93.

Watanabe, M. (1981) Population dynamics of the swallowtail butterfly, *Papilio xuthus* L., in a deforested area. Res. Popul. Ecol., 23:74-93.

Watanabe, M. (1982) Leaf structure of *Zanthoxylum ailanthoides* Sieb. et Zucc. (Rutales: Rutaceae) affecting the mortality of a swallowtail butterfly, *Papilio xuthus* L. (Lepidoptera: Papilionidae). Appl. Ent. Zool., 17:151-159.

渡辺守(1983)森と草地の間にて——ナミアゲハの生態学.たたら書房.

Watanabe, M. (1983) Radial growth patterns of a pioneer tree, *Zanthoxylum ailanthoides* Sieb.

et Zucc. (Rutales: Rutaceae) related to the population dynamics of a swallowtail butterfly, *Papilio xuthus* L. (Lepidoptera: Papilionidae). Jap. J. Ecol., 33:253-261.

Watanabe, M. (1988) Multiple matings increase the fecundity of the yellow swallowtail butterfly, *Papilio xuthus* L., in summer generations. Journal of Insect Behavior, 1:17-29.

Watanabe, M. (1991) Thermoregulation and habitat preference in two wing color forms of *Mnais* damselflies (Odonata: Calopterygidae). Zoological Science, 8:983-989.

Watanabe, M. (1992) Egg maturation in laboratory-reared females of the swallowtail butterfly, *Papilio xuthus* L. (Lepidoptera: Papilionidae), feeding on different concentration solutions of sugar. Zoological Science, 9:133-141.

Watanabe, M. & A. Hachisuka (2005) The dynamics of eupyrene and apyrene sperm storage in ovipositing females of the swallowtail butterfly *Papilio xuthus* (Lepidoptera: Papilionidae). Entomological Science, 8:65-71.

Watanabe, M. & T. Higashi (1989) Sexual difference of lifetime movement in adult Japanese skimmer, *Orthetrum japonucum* (Odonata: Libellulidae), in forest-paddy field complex. Ecol. Res., 4:85-97.

Watanabe, M. & M. Hirota (1999) Effects of sucrose intake on spermatophore mass produced by male swallowtail butterfly *Papilio xuthus* L. Zoological Science, 16:55-61.

Watanabe, M. & T. Imoto (2003) Thermoregulation and flying habits of the Japanese sulfur butterfly, *Colias erate* (Lepidoptera: Pieridae) in an open habitat. Entomological Science, 6:111-118.

Watanabe, M. & S. Iwata (2007) Evaluation of line transect method for estimating *Mortonagrion hirosei* Asahina abundance in a dense reed community (Zygoptera: Coenagrionidae). Odonatologica, 36:278-283.

Watanabe, M. & M. Kamikubo (2005) Effects of saline intake on spermatophore and sperm ejaculation in the male swallowtail butterfly *Papilio xuthus* (Lepidoptera: Papilionidae). Entomological Science, 8:161-166.

Watanabe, M., H. Koizumi, N. Suzuki & K. Kiritani (1988) Studies on ecology and behavior of Japanese black swallowtail butterflies. VII. Nectar of a glory tree, *Clerodendron trichotomum*, as a food resource of adults in summer. Ecol. Res., 3:175-180.

Watanabe, M. & E. Matsunami (1990) A lek-like system in *Lestes sponsa* (Hansemann), with special reference to the diurnal changes in flight activity and mate-finding tactics (Zygoptera: Lestidae). Odonatologica, 19:47-59.

Watanabe, M., H. Matsuoka, K. Susa & M. Taguchi (2005) Thoracic temperature in *Sympetrum infuscatum* (Selys) in relation to habitat and activity (Anisoptera: Libellulidae). Odonatologica, 34:271-283.

Watanabe, M., H. Matsuoka & M. Taguchi (2004) Habitat selection and population parameters of *Sympetrum infuscatum* (Selys) during sexually mature stages in a cool temperate zone of Japan (Anisoptera: Libellulidae). Odonatologica, 33:169-179.

Watanabe, M. & S. Matsu'ura (2006) Fecundity and oviposition in *Mortonagrion hirosei* Asahina, *M. selenion* (Ris), *Ischnura asiatica* (Brauer) and *I. senegalensis* (Rambur), coexisting in estuarine landscapes of the warm temperate zone of Japan (Zygoptera: Coenagrionidae). Odonatologica, 35:159-166.

Watanabe, M., S. Matsu'ura & M. Fukaya (2007) Changes in distribution and abundance of the endangered damselfly *Mortonagrion hirosei* Asahina (Zygoptera: Coenagrionidae) in a reed community artificially established for its conservation. Journal of Insect Conservation, DOI: 10.1007/s 10841-007-9108-3.

Watanabe, M. & Y. Mimura (2003) Population dynamics of *Mortonagrion hirosei* (Odonata: Coenagrionidae). International Journal of Odonatology, 6:65-78.

Watanabe, M. & Y. Mimura (2004) Diurnal changes in perching sites and low mobility of adult *Mortonagrion hirosei* Asahina inhabiting understory of dense reed community (Zygoptera: Coenagrionidae). Odonatologica, 33:303-313.

Watanabe, M. & K. Nozato (1986) Fecundity of the yellow swallowtail butterflies, *Papilio xuthus* and *P. machaon hippocrates*, in a wild environment. Zoological Science, 3:509-516.

Watanabe, M., K. Nozato & K. Kiritani (1986) Studies on ecology and behavior of Japanese black swallowtail butterflies (Lepidoptera: Papilionidae). V. Fecundity in summer generations. Appl. Ent. Zool., 21:448-453.

Watanabe, M. & N. Ohsawa (1984) Flight activity and sex ratios of a damselfly, *Platycnemis echigoana* Asahina (Zygoptera, Platycnemididae). Kontyu, 52:435-440.

Watanabe, M., N. Ohsawa & M. Taguchi (1987) Territorial behaviour in *Platycnemis echigoana* Asahina at sunflecks in climax deciduous forests (Zygoptera: Platycnemididae). Odonatologica, 16:273-280.

Watanabe, M. & K. Omata (1978) On the mortality factors of the lycaenid butterfly, *Artopoetes pryeri* M. (Lepidoptera, Lycaenidae). Jap. J. Ecol., 28:367-370.

Watanabe, M. & K. Sato (1996) A spermatophore structured in the bursa copulatrix of the small white *Pieris rapae* (Lepidoptera, Pieridae) during copulation and its sugar content. J. Res. Lepidoptera, 32:26-36.

Watanabe, M., N. Suzuki, K. Nozato, K. Kiritani, K. Yamashita & A. Niizuma (1985) Studies on ecology and behavior of Japanese black swallowtail butterflies. III. Diurnal tracking behavior of adults in summer generation. Appl. Ent. Zool., 20:210-217.

Watanabe, M. & M. Taguchi (1988) Community structure of coexisting *Sympetrum* species in the central Japanese paddy fields in autumn (Anisoptera: Libellulidae). Odonatologica, 17:249-262.

Watanabe, M. & M. Taguchi (1993) Thoracic temperatures of *Lestes sponsa* (Hansemann) perching in sunflecks in deciduous forests of the cool temperate zone of Japan (Zygoptera: Lestidae). Odonatologica, 22:179-186.

Watanabe, M., M. Taguchi & N. Ohsawa (1998) Population structure of the damselfly

Calopteryx japonica Selys in an isolated small habitat in a cool temperate zone of Japan (Zygoptera: Calopterygidae). Odonatologica, 27:213-224.

Weddell, B.J. (2002) Conserving Living Natural Resources in the Context of a Changing World. Cambridge University. Press.

Wilson, E.O. (1975) Sociobiology. The Belknap Press of Harvard University Press.

ウィルソン・ボサート(巌俊一・石和貞男訳)(1977)集団の生物学入門. 培風館.

Winter, W.D. Jr. (2000) Basic Techniques for Observing and Studying Moths & Butterflies. The Lepidopterists' Society, Los Angeles.

矢野悟道・波田嘉夫・竹中則夫・大川徹(1983)日本の植生図鑑 II. 人里・草原. 保育社.

索引

ア行

IBP 127
I_δ指数 75
アオキ 25
アオスジアゲハ 5, 93
アオハダトンボ 83, 112, 164
アオマツムシ 138
アオムシコバチ 50
アオムシコマユバチ 50
アオモンイトトンボ 114, 159, 161
アカガシ 25
アカネ属 29, 30
アカボシゴマダラ 106, 140
アキアカネ 6, 112, 119
秋津洲（蜻蛉洲） 152
アゲハチョウ 51
アゲハヒメバチ 89
アゲハ類 49
アサギマダラ 121
アシブトコバチ類 50
アスマン通風温度計 99
アマゴイルリトンボ 27
アメイロトンボ 12, 159
アメリカギンヤンマ 121
アメリカシロヒトリ 55, 138
暗記モノ 150
一次遷移 22
イチモンジセセリ 49
イチモンジチョウ 49
一様分布（配列分布） 74–76
遺伝的多様性 79
イヌガラシ 94, 96
イヌツゲ 25
巌俊一 76
陰樹 22, 25, 26
ヴァーレイとグラッドウェル 54
ウスバキチョウ 10, 81
ウスバキトンボ 6, 10, 78, 121
ウスバシロチョウ 111
ウミアメンボ 11, 159
ウラゴマダラシジミ 49
栄養段階 17
A／F比 75
エゾシロチョウ 66, 73, 120
エゾスジグロシロチョウ 112
エダシャク 35
エーテル 68
m^*-m法 76
エルトン 17
オオアオイトトンボ 111, 137
オオアメリカモンキチョウ 112
オオカバマダラ 49, 51, 86, 114, 120
オオゴマシジミ 88
オオシオカラトンボ 8
オオトラフアゲハ 93
オオムラサキ 49
オオモンシロチョウ 49, 121
オダム 17, 127
オニヤンマ 118
オベリスク 101

カ行

外温性の体温調節 101
外気温 98
階層構造 25
害虫 136
ガウゼ 104
カクレミノ 25
数のピラミッド 103
花粉媒介者 2
花蜜 93, 94
カラカネトンボ 50
カラスザンショウ 77, 92
夏緑樹（林） 9, 25
カワトンボ 81, 108
環境影響評価準備書 145
環境影響評価書 145
環境収容力 40, 41
環境倫理学 14
乾性遷移 23
キアゲハ 77, 111, 118
キイロショウジョウバエ 39
機会分布（ランダム分布） 74, 76
汽水 11
汽水域 158
寄生蜂 49
ギフチョウ 111
基本要因分析 54
ギャップ 25–27, 82, 167
ギャップ更新 25, 27
キャノピーウォークウェイ 72
吸水行動 93
旧約聖書 36
競争排除の法則 104
極相（林） 22, 25
キラービー 139
ギルド内捕食 50
ギンヤンマ 169
クサギ 95
クヌギ 7
クモマベニヒカゲ 10
グループマーキング法 71
クレメンツ 17
クロアゲハ 100, 118
クロキアゲハ 101
クロセセリ 24
群生相 45
現存量のピラミッド 103
交尾嚢 110, 114
黒色温度 99
黒色系アゲハ（類） 93, 96
コシアキトンボ 6
コジャノメ 24
個体識別法 71
国家環境政策法 143
孤独相 45
コナラ 7
コバネアオイトトンボ 140
コーベット 66

コマクサ　10
ゴマシジミ　88
混み合い度　76
昆虫採集　150

サ行

里山景観　125, 126, 133, 141, 153
三角格子法　60
残存緑地　30
産卵刺激物質　91
シウリザクラ　73, 120
CH　75
シオカラトンボ　8, 112, 116, 169
シオヤトンボ　8, 116
事業者アセス　143, 145
事後調査　146
指数関数的増加　39
湿性遷移　23, 24
シャガ　25
ジャクソン法　65
ジャノヒゲ　25
周期ゼミ　45
集中分布　74–76
種数–個体数関係　131
種数–面積曲線　127
主体　15
主体–環境系　19
照葉樹(林)　9, 25
食物網　86
食物連鎖　85
処女飛翔　3, 52, 119
ジョリー・セーバー法　60, 65, 162
シルビアシジミ　12
シロオビアゲハ　77
代かき　28
シロツメクサ　137
新・生物多様性国家戦略　30, 146
スウィーピング　67
スコーピング　145
スジグロシロチョウ　5, 94, 100, 114
スダジイ　25
生産力（エネルギー）のピラミッド　103
精子置換　109, 111

成熟度合　162
生態学的地位（ニッチ）　34, 103
生態学的同位種　103
性比　79
生物多様性条約　143
精胞　111
先駆樹種　95
戦略アセス　145
増加率　37, 38
雑木林　23
創出地　166
層別　74

タ行

大発生　36
タイリクアカネ　6, 52
タイワンモンシロチョウ　114
ダーウィン　13, 17
田植え　28
多回交尾制　111
多次元的地位　103
多自然型川作り　4
多食性捕食者　49, 86
タテハチョウ　111
タマゴヤドリバチ(類)　49, 89
多様性指数　130
単婚制　111
タンスレイ　17
タンニン　26
地域個体群　159
地球サミット　143
チシマザサ　27
チャドクガ　35
蝶道　81, 118
ツェツェバエ　65
ツバメ　52
ツリアブの仲間　26
ディープエコロジー　14, 141
テネラル　52
天敵からのエスケープ　46, 55
田面水　28
ドーキンス　13
ドクチョウ　51, 93, 113
トノサマバッタ　44
ドライアイス　68

トンボ池　19

ナ行

内温性の体温調節　102
内的自然増加率　40
ナガサキアゲハ　77, 101
ナツアカネ　29, 111
ナミアゲハ　55, 75, 77, 92, 93, 97, 100, 108, 114, 118
二酸化炭素　68
二次遷移　22, 23, 25
日齢　51
日本生態学会　146
寝場所　20
ノシメトンボ　8, 27, 29, 111, 114, 118, 119
ノーネットロス　143, 161

ハ行

バイオーム　17–19
ハコネウツギ　21
パッチ　80
バナナセリ　136, 140
ハマキガ　35
ハーメルンの笛吹き　37
ビオゲオチェノース　19
ビオトープ　19
光補償点　21, 22
ビークマーク　51
ヒタキの仲間　26
人里生物　135
ヒヌマイトトンボ　12, 81, 83, 159, 161
ヒメギンヤンマ　121
ヒメジャノメ　49
ヒメバチ類　50
標識再捕獲(法)　20, 59, 65, 66, 79, 162
ヒョウモンモドキ　21, 66, 73, 80, 81, 95
貧栄養　21
富栄養化　23
不快昆虫　137
複合生態系　124
輻射熱　98
腐食食物連鎖　86
ブナ　25
ブラックバス　140
プールのヤゴ　1

平均混み合い度　76
ペテルセン法　65
ベニイトトンボ　140
ベニシジミ　73, 111
ベニヒカゲ　81
ベニモンアゲハ　87
ベルウルスト・パール係数　40
変曲点　41
ポアソン型隔離計数　75
ホソオチョウ　104, 140

マ行

マイコアカネ　8
マダラチョウ　87
待ち伏せ型　27
マッカーサー　84
マニキュア　71
マユタテアカネ　8, 118, 119
マンリー・アンド・パー法　65, 162
ミズギワゴミムシ　11
ミズナラ(林)　25, 27
ミチゲーション　143
密度依存的　55
密度逆依存的　55
密度効果　40, 43
密度独立的　55
ミドリシジミ　24, 35, 36
宮川流域下水道浄化センター　160
ミヤジマトンボ　12, 159
ミヤマアカネ　83, 119, 164
ムカシトンボ　10
虫干し　28
ムラサキシジミ　24
モートンイトトンボ　114
モニタリング　148, 161
森下正明　75
モリス　54
モンキアゲハ　100, 117
モンキチョウ　66, 97, 101, 131, 138
モンシロチョウ　1, 5, 16, 49, 51, 58, 66, 75, 94, 97, 100, 112, 114, 118, 121, 136, 137, 140

ヤ行

ヤシャブシ　21
野生生物　135
谷津田　7
谷戸水田　7
ヤドリバエ類　50
ヤブツバキ　25
ユクスキュル　15
油性ペン　71
陽樹　21

ラ行

ライントランセクト調査　167, 169
ラッカー　71
ラムサール条約　142
ランダム分布（ポアソン分布）　75
リンカン法　65
リンデマン　17
ルリボシヤンマ　10
冷却　68
レッドリスト　134
ロイド　76
ロジスティック曲線　41

著者略歴

渡辺　守（わたなべ・まもる）

1950 年　東京都に生まれる．
1978 年　東京大学大学院農学系研究科博士課程修了．
1994 年　三重大学教育学部教授．
2002 年　筑波大学生物科学系教授．
現　在　筑波大学大学院生命環境科学研究科教授，三重大学名誉教授，農学博士．
専　門　動物生態学――トンボやチョウの生活史戦略の研究とともに，絶滅危惧種の保全をはじめとする保全生態学的研究を続けている．
主　著　『生態学入門』（日本生態学会編，2004 年，東京化学同人），『チョウの生物学』（分担，2005 年，東京大学出版会），『トンボ博物学――行動と生態の多様性』（共訳，2007 年，海游舎）ほか．

昆虫の保全生態学

2007 年 12 月 20 日　初　版

［検印廃止］

著　者　渡辺　守

発行所　財団法人　東京大学出版会

代表者　岡本和夫

113-8654 東京都文京区本郷 7-3-1 東大構内
電話 03-3811-8814　Fax 03-3812-6958
振替 00160-6-59964

印刷所　株式会社平文社
製本所　株式会社島崎製本

ⓒ2007 Mamoru Watanabe
ISBN 978-4-13-062215-8　Printed in Japan

R〈日本複写権センター委託出版物〉
本書の全部または一部を無断で複写複製（コピー）することは，著作権法上での例外を除き，禁じられています．本書からの複写を希望される場合は，日本複写権センター（03-3401-2382）にご連絡ください．

樋口広芳編
保全生物学 ——— A 5 判/264 頁/3200 円

小池裕子・松井正文編
保全遺伝学 ——— A 5 判/328 頁/3400 円

鷲谷いづみ・鬼頭秀一編
自然再生のための
生物多様性モニタリング ——— A 5 判/240 頁/2400 円

武内和彦・鷲谷いづみ・恒川篤史編
里山の環境学 ——— A 5 判/264 頁/2800 円

小野佐和子・宇野求・古谷勝則編
海辺の環境学 ——— A 5 判/288 頁/3000 円
大都市臨海部の自然再生

鷲谷いづみ・武内和彦・西田睦
生態系へのまなざし ——— 四六判/328 頁/2800 円

武内和彦
環境時代の構想 ——— 四六判/244 頁/2300 円

ここに表示された価格は本体価格です．ご購入の際には消費税が加算されますのでご了承ください．